DAMS AND WATER TRANSFERS - AN OVERVIEW

BARRAGES ET TRANSFERTS D'EAU - APERÇU

INTERNATIONAL COMMISSION ON LARGE DAMS
COMMISSION INTERNATIONALE DES GRANDS BARRAGES
61, avenue Kléber, 75116 Paris
Téléphone : (33-1) 47 04 17 80
http://www.icold-cigb.org./

Cover/*Couverture* :
Cover illustration: "Narmada Dam Sardar Saovar Project" / *Illustration en couverture :
Barrage Narmada Projet Sardar Saovar*

CRC Press/Balkema is an imprint of the Taylor & Francis Group, an informa business
© 2021 ICOLD/CIGB, Paris, France

Typeset by CodeMantra
Published by: CRC Press/Balkema
Schipholweg 107C, 2316 XC Leiden, The Netherlands
e-mail: Pub.NL@taylorandfrancis.com
www.routledge.com – www.taylorandfrancis.com

AVERTISSEMENT – EXONÉRATION DE RESPONSABILITÉ :

Les informations, analyses et conclusions contenues dans cet ouvrage n'ont pas force de Loi et ne doivent pas être considérées comme un substitut aux réglementations officielles imposées par la Loi. Elles sont uniquement destinées à un public de Professionnels Avertis, seuls aptes à en apprécier et à en déterminer la valeur et la portée.

Malgré tout le soin apporté à la rédaction de cet ouvrage, compte tenu de l'évolution des techniques et de la science, nous ne pouvons en garantir l'exhaustivité.

Nous déclinons expressément toute responsabilité quant à l'interprétation et l'application éventuelles (y compris les dommages éventuels en résultant ou liés) du contenu de cet ouvrage.

En poursuivant la lecture de cet ouvrage, vous acceptez de façon expresse cette condition.

NOTICE – DISCLAIMER:

The information, analyses and conclusions in this document have no legal force and must not be considered as substituting for legally-enforceable official regulations. They are intended for the use of experienced professionals who are alone equipped to judge their pertinence and applicability.

This document has been drafted with the greatest care but, in view of the pace of change in science and technology, we cannot guarantee that it covers all aspects of the topics discussed.

We decline all responsibility whatsoever for how the information herein is interpreted and used and will accept no liability for any loss or damage arising therefrom.

Do not read on unless you accept this disclaimer without reservation.

Original text in English
French translation by the Comité Marocain des Grands Barrages
Layout by Nathalie Schauner

Texte original en anglais
Traduction en français par le Comité Marocain des Barrages
Mise en page par Nathalie Schauner

ISBN: 9780367771355 (Pbk)
ISBN: 978-1-003-16996-3 (eBook)

COMMITTEE ON DAMS AND WATER TRANSFERS

COMITE DES BARRAGES ET DES TRANSFERTS D'EAU

Chairman/Président

India / Inde	THATTE, C. D. (Ch. 1 & 6)

Vice-Chairman / Vice-Président

Brazil / Brésil	ABRAHAO, Ricardo (Ch. 2, 3, 5)

Members/Membres

Canada	DAVACHI, Mickey (Revision)
China / Chine	ZHU, Ruixiang
Iran	TORABI, Sedigheh
Iraq / Irac	BAKI SAMI, Salar
Japan / Japon	NAKAGAWA, Toru
	KATSUHAMA, Yoshihiro (Ch. 3 & 4)
Morocco / Maroc	AKRAJAI, Lahoussine
Pakistan	AKHTAR, Jehangir
Russia / Russie	KHAZIAKHMETOV, R.M
Spain / Espagne	MAÑUECO, Gabriela
United States / Etats Unis	LEMMONS, Ron

Collaborators / Collaborateurs

Iran	ALIASGHAR, Jalalzadeh (Revision)
India / Inde	PANDYA, A. B. (Revision)
Switzerland / Suisse	MOUVET, Laurent (Contribution)

SOMMAIRE	CONTENTS
TABLEAUX & FIGURES	TABLES & FIGURES
AVANT-PROPOS	FOREWORD
1. INTRODUCTION	1. INTRODUCTION
2. REGISTRE DU TRANSFERT D'EAU INTERBASSINS	2. INTER-BASIN WATER TRANSFER REGISTRY
3. BESOIN, POTENTIEL ET LIMITE DU TRANSFERT D'EAU INTERBASSINS	3. NEED, POTENTIAL AND LIMIT FOR INTER-BASIN WATER TRANSFER
4. EVALUATION DES IMPACTS ENVIRONNEMENTAUX ET SOCIAUX	4. ASSESSMENT OF ENVIRONMENTAL AND SOCIAL IMPACTS
5. ANALYSE COÛTS/AVANTAGES	5. BENEFIT AND COST ANALYSIS
6. DIRECTIVES POUR L'ÉTUDE DES OPTIONS DE TRANSFERT D'EAU INTERBASSINS	6. GUIDELINES FOR STUDY OF OPTIONS TO IBWT
7. REFERENCES	7. REFERENCES
	8. GUIDE TO ABBREVIATIONS

TABLE DES MATIÈRES

AVANT PROPOS	16
1. INTRODUCTION	18
1.1. Développement et gestion intégrée des ressources en eau	18
1.2. Transfert d'eau interbassins, Comité des barrages et des transferts d'eau (CDWT), termes de référence et Bulletin	20
2. REGISTRE DU TRANSFERT D'EAU INTERBASSINS	26
3. BESOIN, POTENTIEL ET LIMITE DU TRANSFERT D'EAU INTERBASSINS	58
3.1. Etudes du bilan hydrique	58
3.1.1. Disponibilité en eau dans les bassins sources	60
3.1.2. Disponibilité en eau dans les bassins récepteurs	60
3.1.3. Besoins en eau des bassins récepteurs	62
3.1.4. Stratégies de planification et de mise en œuvre	64
3.1.5. Modélisation du système	64
3.1.6. Gestion	66
3.2. Le rôle des barrages dans les transferts d'eau	72
3.2.1. Généralités	72
3.2.2. Détournement des eaux	72
3.2.3. Réservoir d'eau	74
3.2.4. Liaison entre les systèmes d'adduction d'eau	76
3.2.5. Elévation du niveau des eaux	76
3.3. Approches de planification des transferts	78
3.3.1. Transfert d'un point à un autre	78
3.3.2. Substitution du centre de régulation	78
3.4. Options d'aménagement	80

TABLE OF CONTENTS

FOREWORD	17
1. INTRODUCTION	19
1.1. Integrated Water Resources Development and Management (IWRDM)	19
1.2. Inter Basin Water Transfer (IBWT), Committee on Dams and Water Transfer (CDWT), Terms of Reference (ToR) & Bulletin	21
2. INTER-BASIN WATER TRANSFER REGISTRY	27
3. NEED, POTENTIAL AND LIMIT FOR INTER-BASIN WATER TRANSFER	59
3.1. Water Balance studies	59
3.1.1. Water availability in source basin	61
3.1.2. Water availability in receiving basins	61
3.1.3. Water need in receiving basins	63
3.1.4. Planning and Implementation strategies	65
3.1.5. System modeling	65
3.1.6. Management	67
3.2. The role of dams in Water Transfers	73
3.2.1. General	73
3.2.2. Water Diversion	73
3.2.3. Water Reservoir	75
3.2.4. Link between Water Conveyance Systems	77
3.2.5. Rise of Water Level	77
3.3. Approaches to transfer planning	79
3.3.1. Point to point transfer	79
3.3.2. Command area substitution	79
3.4. Layout options	81

4. EVALUATION DES IMPACTS ENVIRONNEMENTAUX ET SOCIAUX 86

    4.1. Ecosystèmes fluviaux 86

        4.1.1. Généralités 86

        4.1.2. Impacts sur les bassins sources 86

        4.1.3. Impacts sur les bassins récepteurs 88

        4.1.4. Impacts le long des installations de transfert d'eau 90

        4.1.5. Prévision des impacts et mesures d'atténuation 90

    4.2. Erosion et sédimentation 90

        4.2.1. Généralités 90

        4.2.2. Impacts sur les bassins sources 92

        4.2.3. Impacts sur les bassins récepteurs 92

        4.2.4. Impacts le long des circuits de transfert d'eau 92

        4.2.5. Prévision des impacts et mesures d'atténuation 94

    4.3. Réinstallation des populations locales et perte des moyens de subsistance 94

        4.3.1. Généralités 94

        4.3.2. Réinstallation 96

        4.3.3. Impacts sur les moyens de subsistance des populations autres que celles réinstallées 96

        4.3.4. Populations autochtones et tribales 98

        4.3.5. Mesures d'atténuation 98

    4.4. Patrimoine culturel 102

    4.5. Santé des populations 102

5. ANALYSE COÛTS/AVANTAGES 104

    5.1. Avantages 104

    5.2. Estimation des coûts 106

    5.3. Analyse coûts-avantages 110

    5.4. Analyse de la valeur 114

4. ASSESSMENT OF ENVIRONMENTAL AND SOCIAL IMPACTS — 87

- 4.1. River Ecosystems — 87
  - 4.1.1. General — 87
  - 4.1.2. Impacts on Source Basins — 87
  - 4.1.3. Impacts on Recipient Basins — 89
  - 4.1.4. Impacts along Water Transfer Facilities — 91
  - 4.1.5. Prediction of Impacts and Mitigation Measures — 91
- 4.2. Erosion and Sedimentation — 91
  - 4.2.1. General — 91
  - 4.2.2. Impacts on Source Basins — 93
  - 4.2.3. Impacts on Recipient Basins — 93
  - 4.2.4. Impacts along Water Transfer Facilities — 93
  - 4.2.5. Prediction of Impacts and Mitigation Measures — 95
- 4.3. Resettlement of Local Population and Loss of Livelihoods — 95
  - 4.3.1. General — 95
  - 4.3.2. Resettlement — 97
  - 4.3.3. Impacts on Livelihoods for People other than Resettled People — 97
  - 4.3.4. Indigenous Peoples and Gender — 99
  - 4.3.5. Mitigation Measures — 99
- 4.4. Cultural Heritage — 103
- 4.5. Health of People — 103

5. BENEFIT AND COST ANALYSIS — 105

- 5.1. Benefits — 105
- 5.2. Cost Estimate — 107
- 5.3. Benefit and Cost Analysis — 111
- 5.4. Value analysis — 115

6.	DIRECTIVES POUR L'ÉTUDE DES OPTIONS DE TRANSFERT D'EAU INTERBASSINS	116
6.1.	Micro-développement de bassin et collecte d'eau de pluie	118
6.2.	Grands ou petits barrages	120
6.3.	Centrales hydroélectriques au fil de l'eau	120
6.4.	Énergie solaire et non conventionnelle comme solution alternative à l'hydroélectricité	122
6.5.	Prise en compte des effets négatifs de la dérivation entre les bassins source/récepteur	122
6.6.	Priorité accordée aux besoins à l'intérieur du bassin	122
6.7.	Amélioration de l'utilisation efficiente des ressources en eau dans les systèmes de bassins	124
7. REFERENCES		126
8. GUIDE DES ABBRÉVIATIONS		128

6. GUIDELINES FOR STUDY OF OPTIONS TO IBWT		117
6.1.	Micro Watershed Development and Rainwater Harvesting	119
6.2.	Small or Big Dams	121
6.3.	Run-of-the-River (RoR) Hydropower Stations	121
6.4.	Solar and Non-conventional Energy as an Alternative to Hydropower	123
6.5.	Account for ill-effects of diversion on both source / recipient basins	123
6.6.	Give priority to within basin needs	123
6.7.	Improve WUE in existing within basin schemes	125
7. REFERENCES		127
8. GUIDE TO ABBREVATIONS		128

FIGURES & TABLEAUX

FIGURES

3.1	COURBES DE DURÉE DU DÉBIT ANNUEL TRANSFÉRÉ. LE TRANSFERT AUTORISÉ COMPREND LES PERTES DUES À L'ÉVAPORATION, À L'EXPLOITATION ET À LA GESTION.	60
3.2	TABLEAU RÉCAPITULATIF DES EAUX DISPONIBLES DANS LA RÉGION CIBLE.	62
3.3	SCENARIOS DES USAGES DE L'EAU DANS LES BASSINS RÉCEPTEURS.	62
3.4	POURCENTAGE DE LA DURÉE DANS LE TEMPS DES DÉBITS TRANSFÉRÉS. DANS CE CAS, LA SOURCE EST UN RÉSERVOIR DE RÉGULATION QUI MAINTIENT LE DÉBIT MAXIMAL ENTRE 25 À 30% DU TEMPS.	66
3.5	ARCHITECTURE DU NIVEAU 3.	70
3.6	SYNTHÈSE DE L'ARBORESCENCE	70
3.2.1	BARRAGE DE DÉRIVATION DES EAUX DANS LES TRANSFERTS D'EAU INTERBASSINS	72
3.2.2	MULTIPLES BARRAGES DE DÉRIVATION DES EAUX	74
3.2.3	BARRAGES DE RÉSERVOIR D'EAU DANS LES TRANSFERTS D'EAU INTERBASSINS	74
3.2.4	BARRAGES DE LIAISON ENTRE DES CIRCUITS HYDRAULIQUES DANS LES TRANSFERTS D'EAU INTERBASSINS.	76
3.2.5	BARRAGES ET STATIONS DE POMPAGE POUR L'ÉLÉVATION DU NIVEAU DES EAUX DANS LES TRANSFERTS D'EAU INTERBASSINS.	76
3.3.1	AMÉNAGEMENT SCHÉMATIQUE DE L'OPTION 1	80
3.3.2	AMÉNAGEMENT SCHÉMATIQUE DE L'OPTION 2	80
3.3.3	AMÉNAGEMENT SCHÉMATIQUE DE L'OPTION 3	82
3.3.4	AMÉNAGEMENT SCHÉMATIQUE DE L'OPTION 4	82

FIGURES & TABLES

FIGURES

3.1	ANNUAL FLOW DURATION CURVES. THE ALLOWED TRANSFER INCLUDES LOSSES DUE TO EVAPORATION, OPERATION AND MANAGEMENT.	61
3.2	TABLE WITH THE RESUME OF AVAILABLE WATER IN TARGET REGION.	63
3.3	CONSISTING SCENARIOS FOR WATER USE IN THE RECEIVING BASINS.	63
3.4	PERCENT OF TIME DURATION FOR TRANSFERRED FLOWS. IN THIS CASE THE SOURCE IS A REGULATING RESERVOIR THAT MAINTAINS THE MAXIMUM FLOW FOR 25 TO 30% OF THE TIME.	67
3.5	PROCESS ARCHITECTURE IN LEVEL 3.	71
3.6	SUMMARY OF THE HIERARCHY ARCHITECTURE.	71
3.2.1	DAM FOR WATER DIVERSION IN IBWTs	73
3.2.2	MULTIPLE DAMS FOR WATER DIVERSION	75
3.2.3	DAMS FOR WATER RESERVOIR IN IBWTs	75
3.2.4	DAMS FOR LINK BETWEEN WATER CONVEYANCE SYSTEMS IN IBWTs.	77
3.2.5	DAMS AND PUMPING STATIONS FOR RISING THE WATER LEVEL IN IBWTs.	77
3.3.1	SCHEMATIC LAYOUT OF OPTION 1	81
3.3.2	SCHEMATIC LAYOUT OF OPTION 2	81
3.3.3	SCHEMATIC LAYOUT OF OPTION 3	83
3.3.4	SCHEMATIC LAYOUT OF OPTION 4	83

TABLEAUX

5.1 EXEMPLE DE DISTRIBUTION DES COÛTS POUR UN SYSTÈME BRÉSILIEN DE TRANSFERT D'EAU AVEC ENVIRON 700 KM DE CANAUX, 35 BARRAGES ET RÉSERVOIRS, 7 CENTRALES HYDROÉLECTRIQUES, 30 KM DE TUNNELS CONÇUS POUR UN DÉBIT MAXIMUM DE ~100 M³/S. LES COÛTS ENVIRONNEMENTAUX DANS CE CAS ONT ÉTÉ ESTIMÉS À 1,6% DE PLUS QUE LE COÛT TOTAL LORS DES ÉTUDES DE FAISABILITÉ ET PEUVENT AUGMENTER À 5 OU 6% PENDANT LA CONSTRUCTION. IL S'AGIT ICI DES CHIFFRES DES ÉTUDES DE FAISABILITÉ (1999) 108

5.2 ANALYSE FINANCIÈRE POUR UNE ALTERNATIVE D'AMÉNAGEMENT DE TRANSFERT D'EAU, AVEC 30 ANNÉES D'EXPLOITATION AJOUTÉES À 3 ANNÉES DE CONSTRUCTION. L'INVESTISSEMENT A ÉTÉ CONSIDÉRÉ COMME UN ÉLÉMENT DE TRÉSORERIE. IL S'AGIT ICI D'UNE PARTIE DE LA VRAIE FEUILLE DE CALCUL, OÙ MANQUENT LES LIGNES JUSQU'À LA 30E ANNÉE AINSI QUE LES COLONNES À DROITE 112

5.3 MÊME CAS EN GARDANT LA MÊME BASE DE TEMPS. L'INVESTISSEMENT N'A PAS ÉTÉ CONSIDÉRÉ COMME INCLUS DANS LE FLUX DE TRÉSORERIE. IL S'AGIT ICI D'UNE PARTIE DE LA VRAIE FEUILLE DE CALCUL, OÙ MANQUENT LES LIGNES JUSQU'À LA 30E ANNÉE AINSI QUE LES COLONNES À DROITE 114

TABLES

5.1 EXAMPLE OF COST DISTRIBUTION FOR A BRAZILIAN WATER TRANSFER SYSTEM WITH APPROXIMATELY 700 KM OF CANALS, 35 DAMS AND RESERVOIRS, 7 HYDRO POWER PLANTS, 30 KM OF TUNNELS DESIGNED FOR A MAXIMUM FLOW OF ~100 M³/S. ENVIRONMENTAL COSTS IN THIS CASE WERE ESTIMATED AS 1,6% ADDITIONAL TO THE TOTAL COST DURING FEASIBILITY STUDIES AND MAY RISE TO 5 OR 6% DURING CONSTRUCTION. THESE FIGURES ARE REFERRED TO FEASIBILITY STUDIES (1999) 109

5.2 FINANCIAL ANALYSIS FOR ONE ALTERNATIVE OF WATER TRANSFER LAYOUT, CONSIDERING 30 YEARS OF OPERATION ADDED TO 3 OF CONSTRUCTION. INVESTMENT WAS CONSIDERED AS PART OF THE CASH FLOW. THIS IS PART OF THE REAL SPREADSHEET, LACKING LINES DOWN TO YEAR 30 AND REMAINING COLUMNS ON THE RIGHT SIDE 113

5.3 SAME CASE KEEPING THE SAME TIME BASIS. INVESTMENT WAS NOT CONSIDERED AS PART OF THE CASH FLOW. THIS IS PART OF THE REAL SPREADSHEET, LACKING LINES DOWN TO YEAR 30 AND REMAINING COLUMNS ON THE RIGHT SIDE 115

AVANT PROPOS

Malgré les grandes difficultés rencontrées pour l'obtention des informations sur ce sujet, il a été possible d'avoir une vue d'ensemble des transferts d'eau comme outil pour le développement pour les pays dont nous avons pu recueillir et analyser les expériences. Nous avons également eu l'occasion de visiter certains pays autres que ceux des membres du Comité ayant une certaine expérience sur le transfert d'eau interbassins.

Toutes les expériences mises à jour ne figurent pas dans le présent bulletin; mais nous estimons cependant que son contenu est très complet et peut toujours être amélioré de manière dynamique, puisque ce thème s'améliore au fur et à mesure de l'augmentation critique des besoins en eau.

THATTE, C.D.
Président,
Comité des Barrages et des Transferts d'Eau

FOREWORD

In spite of the great difficulty getting information on this subject it was possible to build an overview of water transfers as a tool for development of all countries we have had the opportunity to get and analyze their experience. We had the opportunity of visiting some countries other than those of our members that have some experience on IBWT (Inter Basin Water Transfer), as well.

Not all updated experience is part of this bulletin; however, it is our thought that its content is very comprehensive and has room for dynamic improvement, since this subject is improving as water need critically increases.

THATTE, C.D.
President,
Committee on Dams and Water Transfers

1. INTRODUCTION

1.1. DÉVELOPPEMENT ET GESTION INTÉGRÉE DES RESSOURCES EN EAU

Après le Sommet de Rio de 1992, les professionnels du secteur des ressources en eau sont parvenus à la conclusion que « le développement et la gestion intégrée des ressources en eau » sont nécessaires pour produire des biens et services essentiels à l'humanité, sans nuire à la durabilité du potentiel des ressources naturelles. Des barrages sont construits depuis des millénaires sur les rivières à travers la planète pour capter dans le temps et dans l'espace les débits élevés des cours d'eau afin d'approvisionner les régions et les populations pendant les périodes de faible débit. Un barrage relève le niveau d'eau du fleuve, emmagasine ou détourne le flux des crues et permet les prélèvements d'eau douce pour le transporter sur de longues distances à des fins d'approvisionnement. Les besoins et les demandes d'eau douce n'ont cessé d'augmenter, en particulier au cours des dernières décennies, avec *la croissance démographique, l'urbanisation, l'industrialisation, le développement économique et la nécessité d'éliminer les inégalités entre les différents secteurs de la société*. Pour la gestion des approvisionnements, des milliers de barrages-réservoirs allant du méga à la micro-échelle ont été construits, beaucoup sont en cours de construction et de nombreux autres seront construits. Les barrages sont déployés en grande partie pour faciliter l'approvisionnement à partir des bassins versants en amont avec des ressources excédentaires vers des zones en aval déficitaires pour une demande relativement élevée qui ne peut être satisfaite à partir du débit au fil de l'eau des rivières.

En dépit de l'activité importante de construction de barrages au cours du siècle dernier, la disponibilité par habitant et le volume de stockage n'ont pas augmenté en raison de la disponibilité limitée de la ressource et de la croissance continue de la population. A cet effet, des méthodes de plus en plus innovantes de gestion des ressources en eau ont été déployées pour produire plus de biens et services avec moins d'eau et de nouvelles stratégies sont en cours d'élaboration. Un bassin hydrographique est reconnu comme une unité naturelle déterminant la quantité d'eau douce disponible. Les zones où les besoins sont importants, *davantage à l'intérieur et moins en dehors* des limites du bassin, ont été approvisionnées en eau, dans la mesure où le coût du barrage et de l'infrastructure associée était socialement acceptable et économiquement viable. Des structures de plus en plus complexes ont été construites ces derniers temps pour desservir les régions dans le besoin, situées à l'intérieur du bassin et au-delà des limites de ce bassin, structures considérées jusqu'alors comme coûteuses. Le coût de construction de barrages sûrs et d'infrastructures complémentaires comme les stations de pompage, les canaux, les conduites et les tunnels, etc., *de taille de plus en plus grande, dans des zones plus difficiles et dotés néanmoins d'une longue durée de vie*, a relativement baissé avec l'avancée plus rapide de la science des matériaux, des outils informatiques d'aide à la conception et la grande modernisation des techniques de construction et des équipements.

1. INTRODUCTION

1.1. INTEGRATED WATER RESOURCES DEVELOPMENT AND MANAGEMENT (IWRDM)

Post Rio Summit in 1992, professionals working in water resources sector, have come to a conclusion that 'Integrated Water Resources Development and Management (IWRDM)' is required to generate goods and services essential for the mankind, without affecting sustainability of the natural resources base. Dams have been built on rivers of the world for millennia, for capturing spatially and temporally variable high stage river flows for supply to needy areas and habitats during low flow periods. A dam raises the river water level, stores or diverts the flood flow and enables freshwater abstraction for conveying it over long distances and supply. Needs and demands for freshwater have kept rising in particular during the last few decades, with: growth in *population, urbanization, industrialization, economic regeneration and need for removal of mismatch* between different sections of societies. For supply management, thousands of storage dams ranging from mega to micro scale have been built, many are under construction and many more will be built. Dams have been deployed largely for facilitating supply from upstream watershed with surplus water availability to downstream area with deficit availability against a relatively high demand, which can't be fulfilled from flow, run-of-the-river.

In spite of intense dam building activity during the last century, both per capita availability & storage volume has kept declining because of finite availability and unabated population growth. As such, more and more innovative methods of water management to produce more goods and services with lesser water have been deployed and newer strategies are being devised. A river basin is recognized as a natural unit determining the available quantum of freshwater. Needy areas *more within and less outside* basin boundaries have been provided with water supply, wherever dam & related infrastructure cost was socially acceptable and economically viable. More and more complex structures have been however built in recent times to serve needy areas within and across river basin boundaries hitherto considered expensive. The cost of building safe dams and associated appurtenances including pumping stations, canals, pipelines, tunnels etc. of increasingly: *larger size, at more difficult locations and yet possessing long life*: has been relatively coming down with faster march of material sciences, computational aids in their design, and vastly modernized construction technology and equipment.

1.2. TRANSFERT D'EAU INTERBASSINS, COMITÉ DES BARRAGES ET DES TRANSFERTS D'EAU (CDWT), TERMES DE RÉFÉRENCE ET BULLETIN

Les propositions de systèmes de transfert d'eau interbassins sont aujourd'hui plus fréquentes, mais dans le passé, des systèmes isolés dans plus de 40 pays environ, au profit de zones arides/ semi-arides sont bien connus. Les grands et petits barrages constituent la structure de base qui facilite les transferts d'eau interbassins ainsi que les transferts « à l'intérieur de bassins ». Les grands barrages augmentent le niveau d'eau des rivières, ce qui réduit le coût du transfert à travers les reliefs séparant les bassins hydrographiques, au moyen de tunnels courts ou de stations de pompage nécessitant moins de relevage. Les barrages plus grands atténuent également les variations de la disponibilité de l'eau tout au long de l'année et donc l'écart dans le temps entre la demande et l'offre. Selon le volume et la disponibilité des ressources en eau, des écarts allant de plusieurs mois à un an ou plus peuvent être lissés. De nombreux barrages combinent maintenant le transfert d'eau à l'intérieur et au-delà des limites du bassin limitrophe. Beaucoup de pays en développement affichent toujours un grand décalage entre les besoins et le niveau d'approvisionnement qui risque d'augmenter au cours des prochaines décennies. Certains d'entre eux ont entrepris des projets ambitieux de transfert d'eau interbassins. Gardant ce contexte à l'esprit, la CIGB a décidé en 2003 de constituer un Comité technique international des barrages et des transferts d'eau (CDWT) pour étudier de manière exhaustive le mode actuel de transfert d'eau interbassins et formuler des orientations qui seront utiles aux professionnels chargés d'élaborer de nouveaux systèmes.

Voici les termes de référence identifiés pour le CDWT :

1. Collecte d'informations sur le statut actuel du transfert de ressources en eau intra- inter-bassin et inter-sous-bassin.

2. Lignes directrices pour l'examen de la nécessité et du potentiel de développements interbassins.

3. Limites des transferts d'eau des bassins excédentaires vers les bassins déficitaires.

4. Analyse coût/avantages

5. Collaboration avec le Comité de l'environnement pour définir les spécificités des impacts environnementaux des transferts d'eau.

6. Lignes directrices pour l'étude des options pour les transferts interbassins.

Le CDWT a décidé de produire un bulletin pour répondre à ces termes de référence dans les chapitres suivants.

Chapitre 1 Introduction

Chapitre 2 Registre du transfert d'eau interbassins

Le CDWT a suivi le travail de compilation des caractéristiques fondamentales des systèmes de transfert d'eau interbassins de la littérature mondiale, auquel il a été possible d'accéder grâce à un effort déployé par son Président en sa qualité de Secrétaire Général de la CIID (Commission internationale de l'irrigation et du drainage) 2002–03. Fin 2003, la CIID a mis en place un groupe de travail sur les transferts d'eau interbassins pour poursuivre le travail effectué jusque-là et aboutir à une conclusion logique. Les travaux de ce groupe devraient prendre fin sous peu. En attendant, un projet de rapport a été publié sur le site web de la CIID. Il a été largement utilisé pour rédiger ce chapitre.

Chapitre 3 Besoin, potentiel et limites du transfert d''eau interbassins : 3.1 Etudes sur l'équilibre hydrique. 3.2 Le rôle des barrages dans les transferts d'eau, 3.3 Options d'aménagement

1.2. INTER BASIN WATER TRANSFER (IBWT), COMMITTEE ON DAMS AND WATER TRANSFER (CDWT), TERMS OF REFERENCE (TOR) & BULLETIN

Proposals of schemes for such inter-basin water transfers (IBWT) are now more common, though in past isolated schemes in more than 40 countries barring a few that successfully implemented not one or two but clusters of such schemes for benefiting arid/semiarid areas are well known. Dams large and small constitute the basic structural intervention facilitating IBWT along-with 'within-basin' transfers. Larger dams raise river water levels higher reducing the cost of transfer across ridges between river basin boundaries by means of shorter tunnels or pumping stations needing lesser lift. Larger reservoirs also balance the variability of water availability throughout the year and consequently balance the temporal gap in demand and supply. Depending upon the size and water availability, the gaps spanning over several months to a year or more can be bridged. Many dams now combine water transfer both within and across basin boundaries conjunctively. Many developing countries still have a large mismatch between needs and level of supply that threatens to grow during the next few decades. Some of them have undertaken ambitious proposals for IBWT. Keeping this background in mind, the ICOLD decided in the year 2003 to constitute an International Technical Committee on Dams and Water Transfer (CDWT) to comprehensively study present mode of IBWT, and frame guidelines that will be useful for professionals devising new schemes.

The identified Terms of Reference (ToR) for CDWT are as follows.

1. Collection of information on present status of intra-inter basin, and inter sub-basin transfer of water resources.

2. Guidelines for examination of the need and potential for inter-basin developments.

3. Limits of water transfers from surplus to deficit basins.

4. Benefits and costs analysis.

5. Collaboration with the Committee on the Environment to define the specificities of the environmental impacts of water transfers.

6. Guidelines for study of options for inter-basin transfers.

The CDWT has decided to bring out a bulletin to respond to these ToR in following Chapters.

Chapter 1 Introduction

Chapter 2 Inter-Basin Water Transfer Registry

The CDWT has followed up the work of compilation of salient features of IBWT schemes reported in global literature as could be accessed from a similar effort carried out by its Chairman in his capacity as Secretary General ICID (International Commission on Irrigation and Drainage) way back in 2002–03. The ICID had set up a Task Force on IBWT towards the end of 2003 to carry over the work done by then, to a logical conclusion. The work of the TF. IBWT is expected to end shortly. In the meantime, a draft report was posted on ICID website. It has been extensively utilized in drafting this Chapter.

Chapter 3 Need, Potential and Limit for Inter-Basin Water Transfer: 3.1 Water Balance studies, 3.2 The role of dams in Water Transfers, 3.3 Layout options

Ce chapitre couvre 3 parties du champ des termes de référence. Il explique d'abord comment décider si un bassin ou un sous-bassin ou une zone plus petite est déficitaire ou excédentaire en eau en fonction des besoins prévus et des demandes probables sur la disponibilité de l'eau transférable à partir de l'amont. Dans la deuxième partie, il traite de la façon dont un barrage ou une combinaison de deux ou plusieurs barrages peut être utile en matière de transfert d'eau. Cela montre que le transfert peut s'effectuer soit par un canal classique partant d'un barrage et conduisant les eaux transférées vers un autre réservoir installé au-dessus d'un autre barrage ou en aval du deuxième barrage. Le transfert peut aussi s'effectuer en pompant l'eau du premier réservoir vers un canal au niveau supérieur conduisant à travers l'interfluve vers un autre bassin ou sous-bassin. La troisième partie du chapitre montre les différentes configurations possibles de combinaisons de barrages/canaux/stations de pompage pour le transfert.

Chapitre 4 Evaluation des impacts sociaux et environnementaux

Ce chapitre énumère tous les impacts environnementaux possibles exprimés par les acteurs sociaux et met en évidence les moyens de les atténuer. Les mesures compensatoires qui peuvent être prises sont également répertoriées. Il est expliqué que les impacts possibles sont semblables à ceux traités dans le développement des ressources en eau intra-bassin. Malheureusement, l'étude des publications n'indique pas d'évaluation des impacts environnementaux et des mesures prises pour les réduire à un niveau acceptable. Les impacts positifs du transfert d'eau interbassins sont bien connus. Les impacts négatifs redoutés sont plus imaginaires et sans fondement. La plupart du temps, ils sont un signal à prendre en compte pour étudier leur atténuation. Comme les impacts environnementaux, les impacts sociaux sont pour la plupart positifs. Les impacts négatifs comprennent i) le déplacement causé par la submersion sous les eaux du réservoir et celui dû au circuit du transfert d'eau, ii) la perte de terrain acquis pour les infrastructures. Le cas échéant, des mesures de compensation de type R&R appropriées ont désormais été mises en place dans différents pays, pour minimiser ces impacts. L'évaluation des impacts environnementaux n'est pas faite selon la méthode population bénéficiaire versus personnes affectées. Lors de ces évaluations, les avantages sont largement ignorés, les autres impacts sont grandement détaillés, ce qui donne souvent une vision déséquilibrée de l'ensemble du processus d'évaluation, dont la neutralité est perdue.

Chapitre 5 Analyse coûts/avantages

Ce chapitre décrit brièvement différentes méthodes pour effectuer une analyse coût/avantages pour un projet de transfert d'eau interbassins. Comme toujours, les avantages directs d'un tel projet peuvent être quantifiés assez précisément. Les avantages indirects sont difficiles à quantifier. Cependant, en gardant à l'esprit l'expérience des cinquante dernières années, ceux-ci peuvent être projetés. Les avantages secondaires tirés de ces systèmes sont plus difficiles à prévoir et sont souvent de l'ordre de la supposition. Le coût d'un système de transfert d'eau interbassins est beaucoup plus élevé qu'un système conventionnel de bassin, mais comme la région déficitaire d'un autre bassin ne peut être alors desservie, les coûts d'opportunité sont évalués par rapport aux avantages. Les organismes de financement bilatéraux et multilatéraux suivent des procédures spécifiques pour effectuer l'analyse coût/avantages. Les autres méthodes utilisées comprennent : l'actualisation des flux de trésorerie, le taux de rentabilité interne, le taux de rendement économique. L'analyse coût/avantages permet de comparer les différentes options proposées pour la hiérarchisation et l'adoption d'un système particulier parmi plusieurs systèmes techniquement réalisables. Enfin, un système doit être financièrement viable, techniquement réalisable, socialement acceptable et respectueux de l'environnement. Il est difficile de réaliser toutes ces conditions simultanément et équitablement. Le choix d'un système particulier est en effet souvent le résultat de compromis entre ces critères.

It covers in 3 parts the ambit of the ToR. First explains how to decide whether a basin or a sub-basin or a smaller area is water deficit or water surplus depending upon projected needs and likely demands on water availability by transfer from upstream. In the second part, it covers how a dam or a combination of two or more dams can help water transfer. It shows that the transfer can take place either by a conventional canal taking off from a dam and leading the transferred water to another reservoir created above another dam or downstream of the second dam. Or the transfer can take place by pumping water from the first reservoir into a higher-level canal leading across the intervening ridge to another basin or sub-basin. The third part of the chapter shows the various possible layouts of combinations of dams / canals / pumping stations for transfer.

Chapter 4 Assessment of Environmental and Social Impacts

It lists all the possible environmental impacts as voiced by social activists and brings out ways to minimize them. Compensatory measures that can be taken are also listed. It is explained that possible impacts are similar to those dealt with in intra-basin WRD. Unfortunately, the literature survey has not indicated assessment of environmental impacts and steps taken to reduce them to a manageable level. The positive impacts of IBWT are well known. The feared negative ones are more imaginary and baseless. Mostly they indicate a red flag, to be taken note of and mitigation planned. Like environmental impacts, social impacts are mostly positive. Negative impacts comprise i) displacement caused by submergence under reservoir waters and that due to water conveyance / conductor system, ii) loss of land acquired for the infrastructure. As appropriate R&R measures are by now in place in countries round the world, these impacts can be minimized. The assessment of environmental impacts is not made in context of population benefitted versus those affected. While making such assessments, the benefits are largely ignored, the impacts are detailed in depth often leading to an unbalanced view of the whole process of assessment and neutrality of the examination is lost.

Chapter 5 Benefit and Cost Analysis

It lists and briefly describes different methods for carrying out benefit cost analysis for a proposed IBWT scheme. As always, direct benefits from such scheme can be quantified fairly accurately. The indirect benefits are difficult to quantify. However keeping in view, the experience of the last fifty and odd years, these can be projected. Incidental benefits accruing from such schemes are more difficult and are often subject to conjecture. Cost of an IBWT scheme is many a time higher than a conventional in-basin scheme but as the deficit region of another basin can't be served otherwise, the opportunity costs are weighed against the benefits. Funding agencies both bilateral and multilateral follow specific procedures for carrying out the Benefit-Cost (BC) analysis. Other methods used comprise discounted cash flow method, the Internal Rate of Return (IRR), the Economic Rate of Return (ERR) methods. The BC analysis helps comparison of various options open for prioritization and adoption of a particular scheme from amongst several technically feasible ones. Finally, a scheme has to be financially viable, technically feasible, socially acceptable and environmentally sustainable. It is difficult to achieve all these conditions simultaneously and equally. As such choice of a particular scheme is often a result of trade-offs between these criteria, a society can bear.

Chapitre 6 Lignes directrices pour l'étude des options de transfert d'eau interbassins

Ce chapitre examine diverses options de gestion appliquées au développement de bassins de transfert d'eau interbassins, telles qu'énoncées par des opposants aux transferts d'eau interbassins. Elles sont examinées du point de vue technique et évaluées socio-économiquement avant de faire un choix. Elles comprennent : la gestion de la demande, l'économie des ressources en eau et l'amélioration de l'utilisation rationnelle des ressources en eau des systèmes existants. Elles comprennent également des mesures structurelles telles que le développement des bassins versants et le dessalement. Le chapitre 6 aborde les avantages et inconvénients de chacune de ces options afin de permettre l'évaluation de leur applicabilité et de leur valeur réelle par rapport au système de transfert d'eau interbassins proposé. La conclusion du chapitre est que l'efficacité des options administratives/de gestion qui ne sont pas de nature structurelle résulte de l'adéquation de la gouvernance existante dans un pays où est planifié le transfert d'eau interbassins. Une mesure structurelle ne peut pas éviter une telle situation. Le Comité des barrages et transferts (CDWT) considère que les options structurelles proposées sont complémentaires et non en concurrence avec le transfert d'eau interbassins. Les deux doivent fonctionner de façon étroite et avoir des limites mises en évidence.

Chapter 6 Guidelines for study of options to IBWT

It lists various managerial options of in-basin development to IBWT as articulated by activists opposing IBWT. They are technically examined, and socio-economically assessed before a choice is made. They include demand management, water saving, and improving water use efficiency of existing schemes. They also include structural measures such as: watershed development and desalination. The chapter 6 addresses advantages, disadvantages of each of these options to enable assessment of their applicability and real value for comparison with the proposed IBWT scheme. The Chapter concludes that effectiveness of the administrative/managerial options that are non-structural in nature are the result of adequacy of Governance that one obtains in a country where IBWT is being planned. Any structural measure can't wish away such status. The CDWT considers the proposed structural options as complementary and not in competition with IBWT. Both of them have to operate within narrow margins and have obvious limitations which are brought out.

2. REGISTRE DU TRANSFERT D'EAU INTERBASSINS

Cette compilation fait partie d'un travail effectué par la Commission internationale de l'irrigation et du drainage (ICID) sous le titre « Expériences des transferts d'eau interbassins pour l'irrigation, le drainage et la gestion des crues » du Groupe de travail sur les transferts d'eau interbassins. Ce travail a été adapté du rapport mis à jour en 2007, rédigé par Jancy Vijayan et Bart Schultz.

Certaines informations ont été fournies par les membres du CDWT et intégrées à ce travail, ce qui représente, bien que de manière incomplète, les projets dans le monde qui traitent de ce sujet.

2. INTER-BASIN WATER TRANSFER REGISTRY

This compilation is part of a work being done by the International Commission on Irrigation and Drainage (ICID) under the label Experiences With Inter Basin Water Transfers For Irrigation, Drainage and Flood Management, by the Task Force on Inter Basin Water Transfers. This work was adapted from the draft updated to 2007, edited by Jancy Vijayan and Bart Schultz.

Some information was brought by CDWT members and incorporated on their work which represents, although incomplete, the projects around the world which deals with this subject.

Country/state province	Name of the scheme	Inter basin water transfer		Average transfer (BCM/yr)	Purpose(s)	Year of completion, under construtrion proposed
		From	To			
Asia						
Pakistan	1. Upper Chenab Canal	Marala at Chenab River	Ravi River	14.57	Irrigation	1912
	2. Haveli Canal	Trimmu at Chenab River	Ravi River	4.60	Irrigation	1939
	3. Marala Ravi Link	Marala at Chenab	Ravi River	1.23	Irrigation	1956
	4. Rasul – Qadirabad Link	Jhelum	Chenab	16.96	Irrigation	1969
	5. Trimmu – Sidhnai Link	C'henab	Ravi	9.80	Irrigation	1969
	6. Sidhnai – Mailsi – Bahawal Link	Ravi	Sutlej with siphon at Maisi	9.01	Irrigation	1969
	7. Qadirabad - Balloki Link	Chenab	Ravi	16.61	Irrigation	1970
	8. Upper Jhelum Canal	Jhelum River	Chenab River	11.04	Irrigation, hydropower	1915
	9. Montgomery – Pakpattan Link	Ravi River	Sutlej River	0.88	Link	1945
	10. Bombanwala Ravi Badian Depalpur Link	Chenab River	Ravi River	6.18	Link	1956
	11. Balloki-Suleimanki Link – i (bs-i)	Ravi River	Sutlej River	13.25	Link	1955
	12. Balloki-Suleimani Link – II (BS-II)	Ravi	Sutlej	11.98	Link	1970
	13. Tanunsa – Panjnad Link	Indus	Chenab	12.58	Link	1970
	14. Chaslmia – Jhelum Link	Indus	Jhelum	19.39	Link	1971
	15. Pakpattan – Islam Link	Upper Pakpattan Canal	Islam Barrage	0.88	Link	1969
	Sub-total existing IBWT schemes Pakistan			149.0		

29

	Name	River		Purpose	Year/Status
	1. Mangla - Marala Link	Mangla at Jhelum River	Chenab River	8.83	Irrigation Flow augmentation	
	2. Kalabagh - Rasul Link	Kalabagh at Indus	Jhelum River	0.88	Irrigation Flow augmentation	
	Sub-total proposed IBWT schemes Pakistan			9.7		
India	1. Ghagra-Sarda	Ghaghara	Sharda	15.16	Irrigation	Completed (?)
	2. Periyar Vegai Link	Periyar	Vaigai	1.29	Irrigation, municipal water supply	1895
	3. Kumool Cudappa Canal	Krishna	Pennar	2.68	Irrigation, municipal water supply	1863
	4. Telgu Ganga Scheme	Krishna	Chennai metropolitan area	0.34	Irrigation, municipal water supply	Completed (?)
	5. Parambikulam Aliyar Scheme	Parambikulam at Chalakudy River Basin	Aliyar, Bharathapuzha and Cauvery River basins	NA	Irrigation, hydropower	1960s
	6. Madhopur-Beas Link	Ravi	Beas	4.5	Irrigation, municipal water supply	1960
	7. Beas – Sutlej Link	Beas	Sutlej	4.9	Irrigation, municipal water supply	Completed (?)
	8. Indira Gandhi Nahar Scheme	Ravi River	Beas River (Rajasthan)	9.4	Irrigation, water supply	1986
	9. Satluj-Yamuna Link	Bhakra, River, Punjab	Yamuna River, Haryana.	4.32 #	Irrigation, municipal and industrial water supply	Haryana portion completed
	10. Sardar Sarovar Scheme	Narmada, Basin, Gujarat	Areas in Rajasthan, Maharastra and Madhya Pradesh staes of India	34.22	Irrigation, municipal and industrial water supply hydropower	90% completed in 2006 and full completion by 2008
	11. Tehri Dam Scheme	Bhagirithi, Ganga Basin, Uttarakhand	Uttar Pradesh and Delhi regions	0.44	Irrigation, hydropower. municipal water supply	2006
	Sub-total existing IBWT schemes India			72.9 # not added in the subtotal entry, as are not completed		

1. Bedti- Varada	Bedti	Krishna	0.24	Irrigation	Under consideration.
2. Netravati- Hemavati	Netravati	Cauvery	0.19	Irrigation	Under consideration.
3. Manibhadra-Dowlaiswaram	Mahanadi	Godavari	12.17	Irrigation, municipal and industrial water supply, hydropower	Under consideration.
4. Polavaram-Vijayawada	Godavari	Krishna	5.33	Irrigation, municipal and industrial water supply	Under consideration.
5. Inchampalli Low Darn-Pulichintala	Godavari	Krishna	4.37	Irrigation, municipal and industrial water supply, hydropower	Under consideration.
6. Inchampalli-Nagarjunasagar	Godavari	Krishna	16.43	Irrigation, municipal and industrial water supply, hydropower	Under consideration.
7. Nagarjunasagar-Pennar Somasila	Krishna	Pennar	12.15	Irrigation, municipal and industrial water supply, flow augmentation, hydropower	Under consideration.
8. Krishna (almatti)-Pennar	Krishna	Pennar	1.98	Irrigation, municipal and industrial water supply, hydropower	Under consideration.
9. Somasila-Grand Anicut	Pennar	Can very	8.57	Irrigation, municipal water supply, flow augmentation	Under consideration.
10. Kattalai – Vaigai-Gundar	Cativery	Vaigai and Gundar	2.25	Irrigation, municipal and industrial water supply	Under consideration.
11. Parbati-Kalisindh-Chambal	Parbati and Kalisindh	Chambal	1.36	Irrigation, municipal water supply	Under consideration.
12. Par-Tapi-Narmada	Par-Tapi	Nannada	1.35	Irrigation. hydropower	Under consideration.

	13. Ken-Benva	Ken	Betwa	1.02	Irrigation, municipal water supply, hydropower	Under consideration.
	14. Pamba-Achankovil-Vaippar	Pamba. Achankovil	Vaippar	0.63	Irrigation, flow augmentation, hydropower	Under consideration.
	15. Krishna (srisailam)-Pennar	Krishna	Pennar	2.31	flow augmentation, hydropower	Under consideration.
	16. Damaganga – Pinjal	Damaganga	Pinjal	0.91	Municipal water supply	Under consideration.
	17. Diversions through 13 Links under Himalayan Components			140.00		
	Sub-total schemes under construction or proposed India			211.0		
China	1. DujianWeir	Ming River	Minjiang. Fujiang. and Taojiang Rivers	11	Irrigation, flood management	300 BC
	2. Datonghe River - Qinwangchuan water Transfer Scheme	Datonghe River	Qinwangchuan area	0.40	Irrigation	1995
	3. Yangtze to North Jiansu. River	Yangtze River	North Jiansu. River	7	Irrigation, flood management, navigation	1987
	4. Yellow River to Qingdao city water transfer Scheme	Yellow River	Qingdao City	0.24	Irrigation, municipal and industrial water supply, hydropower	1989
	5. Fuer River Water Transfer Scheme	Fuer River	Honhe River	0.10	Irrigation, municipal and industrial water supply	1994
	6. Biliu River - Dialian City Water Transfer Scheme	Biliu River	Dialian city	0.93	Irrigation, municipal water supply, flood management	1983
	7. Wanjiazhai Yellow River Water Transfer Scheme	Wanjiazhai Reservoir	Taiyuan. Dadong and Shuozhou of Shanxi Province	0.32 (first stage)	Flood management, municipal and industrial water supply, hydropower	2002
	8. Dongwan-Shenzhen Water Supply Scheme	Dongjiang River. Dongwan	Shenzhen Reservoir	1.74	Municipal water supply, hydropower	1965

	9. Luan River to Tianjing City Water Transfer Scheme	Luan River	Tianjing City	1.95	Municipal water supply, hydropower	1982-83
	Sub-total existing IBWT schemes China			23.7		
	1. Eastern Route Scheme	lower reaches of Yangtze	Yellow River and then to tiajin	34.3	Irrigation, municipal water supply	Scheme launched on 27 dec. 2002
	2. Middle Route Scheme	middle reaches of Yangtze River	Yellow River	13.0	Irrigation, municipal water supply	under construction and completed by 2010
	3. Western Route Scheme	upper reaches of Yangtze River	Yellow River	17.0	Municipal water supply, flow augmentation	proposed (likely to start in 2010)
	Sub-total Schemes under construction or proposed China			64.3		
Iraq	1. Tharathar Scheme	Tigris (via tharathr lake)	Euphrates	34.68	Irrigation, flood management, hydro power	completed
	Sub-total existing IBWT scheme Iraq			34.68		
Japan	1. Ryoso Irrigation Scheme	Tone River	Ichinomiya River	0.36	Irrigation	1965
	2 Nansatsu Irrigation	Umawatari River and 2 Rivers	Lake Ikeda	0.12	Irrigation	1984
	3. Hatori dam	Tsurunmma River in Asano River	Kumato River, Abukuma River	0.18	Irrigation, hydropower	1956
	4 Dozen-Dogo Plain Scheme	Nakayama River Shigenobu river	Omogo	0.18	Irrigation, hydropower	1967
	5. Asaka Irrigation Canal	Lake Inawashiro (Agano River basin)	Gohyaku River (Abukuma River)	1.58	Irrigation and water supply	1882
	6. Tone Transfer Scheme	Tone River	Ara River	3.94	Irrigation, municipal and industrial water supply	1965
	7. Totsukawa and Kinokawa Scheme	Totsu River. Kino River	Kino River, Yamato River basin	0.32	Irrigation, hydropower	1983

	Name	Source	Destination	Volume	Purpose	Year
	8. Kagawa Canal Scheme	Yoshino River	Kagawa Prefecture	1.83	Irrigation, municipal and industrial water supply	1981
	9. Toyogawa Canal Scheme	Tenryu River	Toyogawa River	0.50	Irrigation, municipal and industrial water supply	1968
	10. Lake Biwa Canal Scheme	Lake Biwa	Kyoto. Kamo River	0.13	Municipal, hydropower. transportation	1890
	11. Uryu Hydropower Scheme	Ishikari River	Tesio River	1.40	Hydropower	1943
	12. HajiDam	Gonokawa River	Ota river	0.10	Municipal water supply	1974
	Sub-total existing IBWT schemes Japan			10.6		
	1. Kasumigaura Project	Nakagawa river	Kasumigaura Lake	0.82	Flow augmentation and water quality control	2010
	Sub-total proposed or under construction IBWT schemes Japan			0.8		
Iran	1. Cheshmah Langan	Persian Gulf and Oman Sea	Central Plateau	0.12	Irrigation, municipal and industrial water supply	
	2. First Tunnel from Kouhrang Mountains	Persian Gulf and Oman Sea	Central Plateau	0.30	Irrigation, municipal and industrial water supply	
	3. 2nd Tunnel from Kouhrang Mountains	Persian Gulf and Oman Sea	Central Plateau	0.25	Irrigation, municipal and industrial water supply	
	4. Talghan Dam	Caspian Sea	Central Plateau	0.42	Irrigation and municipal water supply	
	5. Lar Dam	Caspian Sea	Central Plateau	0.18	Potable water supply	
	Sub-total existing IBWT schemes Iran			1.3		
	1. Ghatari Springs	Gharaghum	Central Plateau	0.01	Municipal water supply	Under study
	2. Transfer From Dez to Ghomrud	Persian Gulf and Oman Sea	Central Plateau	0.12	Municipal and industrial water supply	In process
	3. Tang-Sorkh Reservoir Dam	Persian Gulf and Oman Sea	Central Plateau	0.33	Municipal and industrial water supply	Under study
	4. Talvar Dam	Caspian Sea	Central Plateau	0.09	Municipal wrater supply	In process

	5. Sheshpear Reservoir Dam	Persian Gulf and Oman Sea	Central Plateau	0.06	Municipal water supply	Under study
	6. Ruzbeh Spring	Caspian Sea	Central Plateau	0.01	Municipal water supply	In process
	7. Kamal-Saleh Dam	Persian Gulf and Oman Sea	Central Plateau	0.07	Municipal and Industry	In process
	Sub-total schemes under construction or proposed in Iran			0.7		
Republic of Korea	1. Daechong wide area water supply	Daechong Dam	A-san	0.36	Municipal water supply	1985
	2. Daechong wide area water supply	Daechong Dam	Chunan	0.09	Municipal water supply	1988
	3. Junju systematical wide area water supply	Yongdam Dam	Junju Gunsan	0.26	Municipal water supply	1998
	4. Geurn River wide area water supply	Bu-yeo	Gunsan Junju	0.11	Municipal water supply	2000
	5. Chongju-Intake tower	Daechong Dm	Jibuk Filter Plant	-		-
	Sub-total existing IBWT schemes Korea			0.8		
	1. SumJin Water Supply Reservoir System	SumJin River	DonJin River	0.11		
	Sub-total schemes under construction or proposed in Korea			0.1		
Malaysia	1. Kelinchi Terip	Upper Muar Basin	Linggi Basin	0.14	Water supply	1996
	Sub-total existing IBWT scheme Malaysia			0.1		
	1. Kelau-Langat	Kelau River	Laneat	0.55	Water supply	Proposed
	Sub-total scheme under construction or proposed Malaysia			0.6		
Central Asian Countries	Karashi Scheme	Amu Darya	Uzbekistan			
	Amu-Bukhara Canal	Amu Darya	Uzbekistan			
	Karakum Canal	Amu Darya	Southern part of Turkmenistan			
	Sub-total existing IBWT schemes Central Asian Countries					

	1. Partial transfer of Siberian Rivers to Urals, West Siberia. Central Asia and Kazakhstan	Ob	Ural. Syr Darya. Ainu Darya River system	27	Irrigation, hydropower. Municipal water supply, feeding of Ural Sea and Rivers	Proposed
	Sub-total scheme under construction or proposed Central Asian Countries			27		
Nepal	Melamchi River to Kathmandu City	Melamchi River	Kathmandu City	0.62	Water supply	Under constaiction.
	Sub-total schemes under construction or proposed Nepal			0.6		
	Sub-total Asia existing schemes			293.1		
	Sub-total Asia schemes under construction or proposed			314.8		
Americas						
Canada *Alberta*	1. Bow River Irrigation District	Bow River, South Sask. Basin	Bow and Oldman Rivers, South Sask. Basin	0.388	Irrigation	(1920) 2000
	Little Bow Canal	Highwood River, Bow River Basin	Little Bow River, Oldman Basin	0.057	Irrigation	(1910) 2000
Canada *Alberta*	2. Western Irrigation District	Bow River, South Sask. Basin	Bow and Red Deer Rivers, South Sask. Basin	0.135	Irrigation	1910
Canada *Alberm*	3. Eastern Irrigation District	Bow River, South Sask. Basin	Bow and Red Deer Rivers, South Sask. Basin	0.602	Irrigation	1914

Canada *Alberta*	4. Waterton-Belly-St. Mary Transfers	Waterton, Belly and St. Mary Rivers, Oldman River Basin	Oldman and South Sask., South Sask. Basin	0.467	Irrigation	(1915) 1969
	(a) Belly-St. Mary Canal	Waterton and Belly Rivers, Oldmaru South Sask.	St. Mary Reservoir, Oldman, South Sask.	0.173	Irrigation	1959
	(b) Waterton-Belly Canal	Waterton Reservoir, Oldman River Basin	Belly River, Oldman River Basin	0.110	Irrigation	1968
Canada *Alberta*	5. Lethbridge Northern Irrigation District	Oldman River, South Sask. Basin	Little Bow and Oldman Rivers, South Sask. Basin	0.151	Irrigation	1924
Canada *Alberta*	6. Mnt. View-Leavitt-Aetna Irrigation Canal	Belly River, Oldman River Basin	St. Mary River, Olduian River Basin	0.016	Irrigation	(1936) 1945
Canada *Saskatchewan*	7. Cypress Lake Transfers	Belanger and Davis Creeks (Frenchman River) and Battle Creek	Cypress Lake, Frenchman River and Battle Creek	0.019	Irrigation	1939
Canada *Saskatchewan*	8. Swift Current Irrigation Scheme	Swift Current Creek, South Sask. Basin	Rush Lake, Old Wires Lake Basin	0.016	Irrigation	1953
Canada *Ontario*	9. Adam Creek	Mattagami River, Moose River Basin, James Bay	Adam Creek, Mattagami, Moose River Basin	(94.5)#	Flood management	1961

Canada Manitoba	10. Seine River Transfer	Seine River, Red River Basin	Red River, Red River Basin	(2.678)#	Flood management	1961
Canada Manitoba	11. Red River Floodway	Red River, Nelson Basin	Red River, Nelson Basin	(53.55)#	Flood management	1969
Canada Manitoba	12. Portage Transfer	Assiniboine River, Nelson Basin	Lake Manitoba, Nelson Basin	(22.365)#	Flood management	1970
Canada British Columbia	13. Vernon Irrigation District	Duteau Creek, Shuswap-Thompson-Fraser River Basin	Vernon Creek, Okanagan Lake, Columbia River Basin	0.190	Irrigation, municipal supply	1907
Canada Saskatchewan	14. Qu'Appelle Transfer	Lake Diefenbaker, South Saskatchewan River, Nelson Basin	Qu'Appelle River, Assiniboine River, Nelson Basin	0.082	Irrigation, municipal water supply, recreation	(1959) 1967
Canada Manitoba	15. Pasquia Land Resettlement	Pasquia River, Saskatchewan Basin	Carrot River, Saskatchewan Basin	0.154	Drainage, wildlife	1960
Canada Alberta	16. Brazeau Hydropower Scheme	Brazeau River, North Sask. Basin	Brazeau River, North Sask. Basin	1.654	Hydropower, flow control	1965
Canada Saskatchewan	17. Saskatoon Southeast Water Supply System	Lake Diefenbaker, South Saskatchewan Basin	Little Manitou Lake and other reservoirs en route	0.050	Irrigation, municipal and industrial water supply, wildlife, recreation	1968
Canada Ontario	18. Welland Canal	Lake Erie, Great Lakes Basin	Lake Ontario, Great Lakes Basin	7.529	Hydropower. navigation	(1829) 1951
Canada New Brunswick	19. St. John Water Supply	Loch Lomond, Mispec River, Bay of Fundy	Little River, Saint John, Bay of Fundy	0.063	Municipal water supply	1900

Canada *British Columbia*	20. Coquitlam-Buntzen	Coquitlam Lake (Coquitlam R.), Fraser River Basin	Buntzen Lake, Burrard Inlet	0.882	Hydropower	1912
Canada *Manitoba*	21. Winnipeg Aqueduct	Shoal Lake, Lake of the Woods Basin	City of Winnipeg, Red River Basin	0.095	Municipal water supply	1919
Canada *Nova Scotia*	22. Sandy Lake	Sandy Lake, Indian River	Northeast River, St. Margaret's Bay	0.170	Hydropower	1927
Canada *British Columbia*	23. Alouette	Alouette Lake, Fraser River Basin	Stave Lake, Fraser River Basin	0.662	Hydropower	1928
Canada *Nova Scotia*	24. Jordan	Jordan Lake via L. Rossignol	Mersey River	0.057	Hydropower	1929
Canada *British Columbia*	25. Bridge River	Carpenter Lake (Bridge River), Fraser River Basin	Seton Lake (Seton R.), Fraser River Basin	2.898	Hydropower	1934
Canada *Ontario*	26. Long Lac	Long Lake, Albany River Basin, James Bay	Aguasabon River, Lake Superior, Great Lakes Basin	1.418	Hydropower. log driving	1939
Canada *Ontario*	27. Onaping	Onaping Lake, Vermilion and Spanish Rivers, Great Lakes Basin	Moncrieff Creek, Spanish River, Great Lakes Basin	0.441	Hydropower (formerly log driving)	1940
Canada *Nova Scotia*	28. Ingram	Ingram River, St. Margarets Bay Lake	St. Croix River	0.019	Hydropower	1940

Canada *Alberta*	29. Ghost-Minnewanka Transfer	Ghost River. Bow River Basin	Lake Minnewanka. Cascade, Bow Basin	0.044	Hydropower	1941
Canada *Ontario*	30. Ogoki	Ogoki River, Albany River Basin, James Bay	Little Jackfish River, Lakes Nipigon, Superior, Great Lakes Basin	3.560	Hydropower	1943
Canada Nova *Scotia*	31. Donahue	Donahue Lake. Larry's River	Dickie Brook, Salmon River, Chedabucto Bay	0.441	Hydropower	1948
Canada *Alberta*	32. Spray Hydro Complex	Spray and Kananaskis Rivers, Bow Basins	Bow River, South Sask. Basin	0.360	Hydropower	(1949) 1959
	(a) Smith-Dorrien Transfer	Smith-Dorrien Creek, Kananaskis. Bow Basin	Spray River, Bow River Basin	0.022	Hydropower	(1949)1959
Canada *British Columbia*	33. Keinano	Tahtsa Lake (Nechako River), Fraser River Basin	Kemano River, Pacific Ocean	3.623	Hydropower	1952
Canada *Manitoba*	34. Pine Creek Transfer	Pine Creek. Roseau River Basin	Roseau Wildlife Management Pools (US)	0.022	Wildlife	1953
Canada *Quebec*	35. Megiscane transfer	Megiscane River, Bell and Nottaway Rivers, James Bay	Gouin Reservoir, St. Maurice River, St. Lawrence River Basin	0.347	Hydropower	1953

Location	Project	Rivers/Lakes affected	Related water bodies	Capacity	Purpose	Year
Canada British Columbia	36. Doran Lake	Doran Lake, Great Central Lake Stamp and Somass Rivers Alberni Inlet	Taylor River, Sproat Lake, Souiass River Alberni Inlet	0.032	Hydropower	1955
Canada British Columbia	37. Cheakamus	Cheakamus River, Squamish River Basin, Howe Sound	Squamish River, Howe Sound	1.166	Hydropower	1957
Canada British Columbia	38. Ash River	Elsie Lake (Ash R.) Somass River Basin, Vancouver Island	Great Central Lake (Stamp. R.). Somass River Basin, Vancouver Island	0.630	Hydropower	1958
Canada British Columbia	39. Campbell River	Heber (Gold). Quinsam and Salmon Rivers. Vancouver Island	Campbell River, Vancouver Island	0.378	Hydropower	1958
Canada Saskatchewan	40. Wellington Lake Hydro Scheme	Tazin Lake, Taltson Basin	Chariot River, Lake Athabasca-Slave Basin	0.882	Hydropower	1958
Canada British Columbia	41. Victoria Lake	Victoria Lake, Marble River Basin. Vancouver Island	Neroutsos Inlet. Vancouver Island	0.221	Hydropower. industrial water supply	1960
Canada Quebec	42. Manouane River	Manouane River, Peribonca River, St. Lawrence River Basin	Bonnard River, Peribonca River. St. Lawrence Basin	3.623	Hydropower	1960
Canada Ontario	43. Little Abitibi	Little Abitibi River, Moose River Basin, James Bay	Newpost Creek. Abitibi River, Moose River Basin	1.26	Hydropower	1963

Canada *Newfoundland*	44. Deer Lake	Indian Brook	Birch Lake. Deer Lake	0.158	Hydropower	1963
Canada *Ontario*	45. Opasatika	Oposatika River. Missinaibi River. Moose River Basin. James Bay	Hull and Lost Creeks, Kapuskasing and Mattagami Rivers, Moose River Basin	0.473	Hydropower	1965
Canada *Ontario*	46. London	Lake Huron, Great Lakes Basin	Thames River, Lake St. Clair, Great Lakes Basin	0.095	Municipal water supply	1967
Canada *Newfoundland*	47. Bay d'Espoir	Victoria, White Bear, Grey and Salmon Rivers	NW Brook. Bay d'Espoir	5.828	Hydropower	1969
Canada *Newfoundland*	48. Churchill Falls	Julian-Unknown River	Ossokamanouan-Gabbro Reservoir. Churchill River	6.174	Hydropower	1971
Canada *Newfoundland*	49. Churchill Falls	Naskaupi River	Churchill River	6.300	Hydropower	1971
Canada *Newfoundland*	50. Churchill Falls	Kanairiktok River	Churchill River	4.095	Hydropower	1971
Canada *Quebec*	51. Barriere transfer	Cabonga Reservoir, Gatineau and Ottawa Rivers, St. Lawrence River Basin	Dozois Reservoir, Ottawa River, St. Lawrence River Basin	0.387	Hydropower	1975
Canada *Alberta*	52. Beaver Creek Transfer	Beaver Creek, Athabasca River Basin	Poplar Creek. Athabasca River Basin	0.060	Mining	1976

Canada *Manitoba*	53. Churchill Transfer	Southern Indian Lake, Churchill River Basin	Rat-Burntwood Rivers, Nelson River Basin	24.413	Hydropower	1976
Canada *Quebec*	54. La Grande (Boyk-Sakami Transfer)	Eastmain and Opinaca Rivers. Eastmain River Basin	La Grande River, La Grande River Basin	26.618	Hydropower	1980
Canada *Nova Scotia*	55. Wreck Cove	Cheticamp River. Ingonish River, Indian Brook. McLeod Brook	Gisborne Reservoir, Wreck Cove Brook	0.331	Hydropower	1980
Canada *Nova Scotia*	56. Bloody Creek	Bloody Creek, Annapolis River	Paradise River, Annapolis River	0.113	Hydropower	1981
Canada *Quebec*	57. La Grande (Fregate transfer)	Fregate Lake	La Grande River	0.977	Hydropower	1982
Canada *Quebec*	58. La Grande (Laforge transfer)	Caniapiscau River, Koksoak River Basin	La Grande River, La Grande River Basin	24.885	Hydropower	1983
Canada *Quebec*	59. Portneuf transfer	Portneuf River. St. Lawrence Basin	Pipmuacan Lake, Bersimis River, St. Lawrence Basin	0.315	Hydropower	2004
Canada *Quebec*	60. Sault-aux-Cochons transfer	Sault-aux-Cochons River, St. Lawrence Basin	Pipmuacan Lake. Bersimis River. St. Lawrence Basin	0.205	Hydropower	2004
Canada *Quebec*	61. Manouane (II) transfer	Manouane River, Peribonca River. St. Lawrence Basin	Pipmuacan Lake. Bersimis River, St Lawrence Basin	0.945	Hydropower	2005
			Sub-total existing IBWT schemes Canada	137.5		

	1. Mcgregor transfer	Headwaters of Fraser River	Headwaters of Peace River	6.3	Irrigation, hydropower. municipal water supply	Proposed
	2. Grand Canal Replenishment and Northern Lakes Development	James Bay St. Lawrence River	Great Lake	20.95	Irrigation, municipal and industrial water supply, hydropower. flow augmentation	Proposed
	3. Canadian Water	Several Canadian Rivers like Peace, Atha Basca, and Saskatchowar	Various Western States	184.5	Irrigation, municipal water supply, hydropower	Proposed
	4. Magnum Plan	Peace, Athabasca, Saskatchewar	Missouri	5.75	Irrigation, municipal water supply, hydropower	Proposed
	5. Central. North American Water Scheme	Mackenzie Churchill Nelson	Great Lakes, Western States	184.5	Irrigation, municipal water supply, hydropower	Proposed
	6. Smith Plan	Liard Mackenzie	Western United States	61.6	Irrigation, municipal water supply, hydropower	Proposed
	Sub-total schemes under construction or proposed Canada			463.6		
USA	1. Chicago Sanitary and Ship Canal Project	Lake Michigan (Chicago river)	Des Plaines river (Mississippi river)	2.9	Pollution control. Municipal. Industrial	1900
	2. Truckee Canal	Truckee river	Pyramid lake	0.15	Irrigation	1906
	3. Los Angeles Aqueduct	Owen valley	Los Angeles	0.36	Municipal	1913
	4. New York Delaware Aqueduct Project	Delaware River	New York City	1.10	Municipal. Industrial & Environmental including Fisher/	1930
	5. All American Canal	Colorado river	Imperial and Coachella valleys of South-eastern California.	4.3	Irrigation	1940

6. Colorado River Aqueduct	Lower Colorado river	California South Coast region	1.5	Municipal, Industrial, Irrigation	1941
7. Colorado Transmountain Diversion Projects	Upper Colorado and San Juan rivers	South Platte Arkansas Rio Grande	0.70	Irrigation, Municipal	1957
8. Central Valley Project (Northern California)	Sacramento river	San Joaquin Valley and San Francisco Bay area	4.6	Irrigation, Municipal, Fish and Wild life Environs	1950
9. Colorado-Big Thompson Project	Lake Granby, Colorado river basin	Big Thompson	0.3*	Irrigation, Municipal, Industrial	1957
10. Trinity River Transbasin Diversion Project	Trinity	Sacramento	1.0	Irrigation, Hydropower	1963
11. San Juan - Rio Chama Project	San Juan river (upper Colorado river basin)	Chama, a tributary of Rio Grande river	0.13*	Municipal, Industrial, Irrigation	1957
12. California's State Water Project	Feather river	San Francisco Bay area, San Joaquin Valley and Southern California	5.0	Municipal, Industrial, Irrigation, Hydropower	1973 (1st phase)
13. Central Arizona Project	Colorado river	Central Arizona Phoenix-Tucson region	1.85	Municipal, Industrial, Irrigation	1985
14. Central Utah Project	Duchesne river a tributary of Upper Colorado	Bonneville portion of the Great Basin	0.17	Irrigation, Municipal, Industrial	1957

	15. Garrison Diversion Project	Missouri river	Red and Soure rivers	0.1	Municipal, Industrial, Irrigation	Work was stopped for want of detailed EIS
	Sub-total existing IBWT schemes USA			23.73	* The individual amount of diversions is counted under the projects given at sr. no. 7.	
	1. North American Water and Power Alliance (NAWAPA)	North West Canada; Alaska. NW USA	South-West USA; Northern Mexico; South-Central Canada: Great Lakes	200	Irrigation, hydropower, municipal & industrial water supply and navigation	High cost and environmental problems.
	2. Texas Water Plan	Lower Mississippi: Eastern Texas	West Texas; Rio Grande: Texas Gulf Coast; Eastern New Mexico	21.0	Irrigation: municipal and industrial water supply, estuary improvement	Modifications are likely due to cost and environmental problems.
	3. High Plains Water Transfer Alternatives	Middle and Lower Missouri: tributaries of lower Mississippi: Sabme River	Central and Western Nebraska; Eastern Colorado; Western Kansas; Northern Texas: Western New Mexico	13.5	Irrigation	Preliminary study completed in 1982. Recommended for further studies.
	Sub-total schemes under construction or proposed USA			234.5		
Chile	1. Laja Diguillin	Laja River	Diguillin	1.26	Irrigation	1990
	2. Teno-Chimbarongo Canal	Teno River sub-basin, tributary of Mataquito River basin	Chimbarongo sub-basin of Rapel River basin	2.05	Irrigation, hydropower	1975
	Sub-total existing schemes Chile			3.3		

46

Brazil	Water Transfer Proects				Water transfer in km³/year	Purpose	Status Year of construction	Salient Features
	Project Name	From	To	Location in province or region				
	Rio Sao Francisco Iran sba sin Diversion	Sao Francisco River	North East region of Brazil	Pemambuco, Paraiba, Rio Grande do None and Ceara States	2.0 (average)	Multiuse	Proposed	
	Supply System Castanhao-Metropolitan Area of Fortaleza	Jaguaribe River	Metropolitan Area of Fortaleza	Ceara State	0.45 (average)	Urban use	Under construction	
	System Cantareira	Piracicaba River	Metropolitan Area of Sao Paulo (Tiete River)	Sao Paulo State	1.0 (max)	Urban use	Under operation	
	Svstem Henry Borden-Billings	Tiete River Basin	Ocean Basin	Sao Paulo State	2.2 (max)	Power Generation	Under operation	Legal subjects reduced its flow, until certain environmental aspects are settled
	Guandu System	River Guandu	Metropolitan Area of Rio de Janeiro	Rio de Janeiro State	2.0 (max)	Urban use	Under Operation	
				Sub-total schemes Brazil	7,65			

Bolivia	1. Misicuni Multipurpose Scheme	Titiri and Serkheta Rivers	Cochabama	0.2	Irrigation, hydropower, municipal water supply	Under construction
	Sub-total schemes under construction or proposed Bolivia			0.2		
	Sub-total Americas existing schemes			167		
	Sub-total Americas schemes under construction or proposed			707		
Europe						
Russia	1. Kara-kum	Amu Darya	Caspian Kara Kum, Mary and ultimately to Ashgabat	-	Irrigation, industrial water supply	Completed
	2. Iski-Tyuya Tartar Canal	Zerafshan	Sanzar River	0.38	Flow augmentation	14th century
	3. Volga upstream-Ladozhskoye and Ilmen lakes	Volga upstream	Ladozhskoye and Ilmen lakes		Navigation	18th century
	4. Dnepr-Bug Canal	Dnieper River	Western Bug River		Navigation	19th century
	5. Moscow-Volga Canal	Moskva River	Volga	60	Navigation, municipal and industrial water supply, recreation	20th century
	6. Karshinsky	-		-		Completed
	7. Irdish-Karanganda	Irdish	Karanganda	-		Completed
	8. Nevinnomissky					Completed
	Sub-total existing IBWT schemes Russia			60.4		
	1. Northern Rivers to Volga Basin	Onega, Upper Sukhna and Pechora	Volga	20	Irrigation, municipal and industrial water supply	Proposed
	Sub-total schemes under construction or proposed Russia			20		

Romania	1. Ialomita-Mostistea (Dridu-Hagiesti Div.)	Ialomita River basin	Danube River basin	5.0	Irrigation	1985
	2. Danube-Black Sea Canal	Danube	Black Sea		Irrigation, navigation, industrial water supply	1994
	3. Ialomita-Baragan Transfer	Ialomita River basin	Arges River basin	1.5	Flow augmentation	1936
	4. Ialomita-Ilfov Transfer	Ialomita River basin	Arses River basin	2.5	Flow augmentation	1976
	5. Cema-Motru Transfer	Cerna River basin	Jiu River basin	12.0	Row augmentation	1980
	6. Cocani-Darza Transfer	Aiges River basin	Ialomita River basin	5.0	Flow augmentation	1980
	7. Barcau-Varsolt Transfer	Crisuri River basin	Somes River basin	0.4	Municipal and industrial water supply	1994
	8. Topolog-Cumpana Transfer	Olt River basin	Arges River basin	8.0	Flow augmentation	1997
	9. Prut-Barlad Transfer	Prut River basin	Siret River basin	1.6	Flow augmentation	1998
	10. Rhine-Main Danube Canal	Rhine Main	Danube		Flow augmentation, navigation	
	Sub-total existing IBWT schemes Romania			36.0		

	1. Siret-Baragan Canal	Siret	Baragan	5.0		Under construction
Sub-total of proposed EBWT schemes in Romania				5.0		
Slovakia	1. Nitra-Vah	Nitra at a point d/s of Nove Zamky	Vah	11.03	Irrigation, flood management	Completed
	2. Vazsky - Vah	Vazsky Dunaj	Vali	3.46	Irrigation, flood management	Completed
	3. Hnilec - Slana	Dedinky - Hinlee reservoir	Slana	0.28	Hydropower, flow regulation	Completed

	4. Vah - Nitra	Vah	Nitra - Zitava basin	0.31	Irrigation, pollution control	Completed
	5. Turiec - Hron	Turiec (Vah)	Hron	0.38	Hydropower, municipal water supply	Completed
	Sub-total existing IBWT schemes Slovakia			15.5		
	1. Danube southward transfer	Danube	Vah, Nitra, Hron and Ipel		Irrigation, flow augmentation	Proposed
	2. Hron -Zitava	Hron (Kozmalovee reservoir and Slatinka reservoir	Zitava		Municipal and industrial water supply, pollution control	Proposed
	Sub-total schemes under construction or proposed Slovakia					
Turkey	1. Southeast Anatolia Scheme	Euphrates River	Anatolia region	10.00	Irrigation, hydropower, municipal and industrial water supply	1990-1995-2010
	Sub-total existing IBWT scheme Turkey			10.0		
	1. Istanbul Yesilcay and Melen Water Supply Schemes	Goksu River and Canak River	Istanbul	0.15	Municipal water supply	
	2. Greater Melen Scheme	Melen River	Istanbul	0.27	Municipal water supply	
	3. Peace Pipeline Scheme	Tukkey	Syria and Jordan, Palestine. Saudia Arabia. Kuwait. Saudia Arabia, Bahrain. Qatar. United Arab Emirates and Oman,	5.84	Municipal water supply	

	Scheme	River/Source	Location	Volume	Purpose	Year/Status
	4. Turkish Republic of Northern Cyprus (TRNC) Water Supply Scheme	Soguksu Stream	Lefkosa and Gazi Magosa	0.01	Municipal water supply	
	5. Manavgat River Water Supply Scheme	Manavgat River	Antalya on the Turkish Mediterranean coast-Israel	0.05	Municipal water supply	
	Sub-total scheme under construction or proposed Turkey			6.3		
France	1. Lys- Lille region	Lys	Lille region	0.37	Irrigation, municipal water supply	Completed
	2. Neste-Garonne	Neste	Garonne	0.57	Water supply	1963
	3. Durance water supply scheme	Durance	Nearby urban downs	1.26	Municipal water supply	1963
	4. Escant - Lille Roubaix	Escant River	Lille Roubaix c elais and Dunkerque	0.16	Navigation	1976
	5. Cap de - Gave de	Cap de long River	Gave de pau River basin	-	Hydropower	Completed
	Sub-total existing IBWT schemes France			2.4		
Spain	1. Upper Ebro -Bilbao	Zodarra	Bilbao	0.2	Irrigation, municipal and industrial water supply	1950
	2. Negratin - Almanzora	Guadalquivir River Basin	Almanzora area	0.05	Irrigation, municipal water supply	2004
	3. Ebro - Tarragonna	Ebro	Tarragonna (Catalonia)	0.12	Irrigation, municipal and industrial water supply	Completed
	4. Tagus - Segura	Tagus	Segura	1.0	Municipal and industrial water supply	Completed in 1979
	Sub-total existing IBWT schemes Spain			1.4		

	1. Ebro water transfer scheme	Ebro	Barcelona metropolitan. Jucar basin. Segura basin and Almeria	1.05	Irrigation, municipal and industrial water supply	Proposed
	Sub-total schemes under construction or proposed Spain			1.1		
Germany	1. Rhine-Main Region	Danube	Rhine (Kleine Roth Reservoir)	0.47	Water supply and navigation	Completed
	Sub-total existing IBWT scheme Germany			0.5		
Finland	1. Helsinki Metropolitan area	Lake Paijanne	Helsinki area	0.10	Municipal water supply	1982
Sub-total existing IBWT scheme Finland				0.1		
Portugal	1. Multipurpose Alqueva Scheme	Guadiana River basin	Sado River basin	0.01	Irrigation, municipal and industrial water supply, hydropower	Under construction
	Sub-total scheme under construction or proposed Portugal			0.0		
Czech Republic	1. Danube-Oder-Elbe	Danube	Oder -Elbe	1.89	Irrigation, navigation, municipal water supply	Proposed
	Sub-total scheme under construction or proposed Czech Republic			1.9		
Great Britain	1. Bridgewater Canal	Duke of Bridgewater	Manchester	-	Navigation, recreation	1759-61
	2. Forth and Clyde Canal	River Forth.	River Clyde.	-	Recreation	1791
	3. Rochdale Canal	Sowerby Bridge in West Yorkshire. England	Bridgewater Canal in Manchester	-	Closed	1804
	4. Crinan Canal	Loch Fyne and the Firth ofClyde	Sound of Jura	-	Navigation, recreation	1801
	5. Kennet and Avon Canal	Thames at Reading	Avon at Bath		Navigation, recreation	1810
	6. Caldonian Canal	Atlantic	North Sea		Navigation, recreation	1822

7. Manchester Ship Canal	Manchester	River Mersey and the sea	Navigation, recreation	1894
8. Grand Union Canal	London, via Northampton and Leicester	Nottingham and the River Trent	Navigation, recreation	1900
9. Stratford-Upon-Avon Canal	Birmingham suburbs	River Avon in Stratford on Avon	Navigation, recreation	1964
10. Lancaster Canal	northern section, Ribble valley	-	Navigation, recreation	-
11. Leeds and Liverpool	North West seaport of Liverpool	southern section, Ribble valley	Navigation, recreation	-
		Aire and Calder Navigation at Leeds		
12. Llangollen Canal	Shropshire Union Canal	Shropshire farmlands	Navigation, recreation	-
13. Oxford Canal	River Thames in Oxford	Midlands Canal system.	Navigation, recreation	-
14. Shropshire Union Canal	Urban Wolverhampton	River Mersey at Ellesmere Port	Navigation, recreation	-
15. Staffordshire and Worcestershire Canal	Wolverhampton	Farmland of Cannock Chase before joining the Trent and Mersey Canal	Navigation, recreation	-
16. Birmingham Canal	City of Birmingham	Staffordshire and Worcestershire Canal and the start of the Shroshire Union Canal at Aldersley	Navigation, recreation	-
		Sub-total existing IBWT scheme Great Britain		
Sub-total Europe existing schemes Sub-total Europe schemes under construction or proposed				126 34

53

		Africa				
South Africa	1. Orange -Riet	Orange	Riet	0.189	Irrigation	Completed
	2. Orange -Fish	Orange	Fish	0.643	Irrigation, municipal and industrial water supply	Completed
	3. Vaal - Crocodile	Vaal	Crocodile	0.615	Municipal and industrial water supply	Completed
	4. Vaal - Olifants	Vaal	Olifants	0.150	Industrial water supply, hydropower	Completed
	5. Olifants - Sand	Olifants	Sand	0.030	Municipal water supply	Completed
	6. Komati - Olifants	Komati	Olifants	0.111	Industrial water supply, hydropower	Completed
	7. Usutu - Olifants	Usutu	Olifants	0.081	Industrial water supply, hydropower	Completed
	8. Assegaal - Vaal	Assegaal	Vaal	0.081	Municipal and industrial water supply	Completed
	9. Buffalo - Vaal	Buffalo	Vaal	0.050	Municipal and industrial water supply	Completed
	10. Tugerla - Vaal	Tugerla	Vaal	0.630	Municipal and industrial water supply	Completed
	11. Tugela - Mhlatuze	Tugela	Mhlatuze	0.046	Municipal and industrial water supply	Completed
	12. Mooi - Mgeni	Mooi	Mgeni	0.069	Municipal and industrial water supply	Completed
	13. Fish - Sundays	Fish	Sundays	0.20	Municipal and industrial water supply	Completed
	14. Orange - Lower Vaal	Orange	Lower Vaal	0.052	Municipal and industrial water supply	Completed

	Scheme	From	To	Volume	Purpose	Status
	15. Caledon - Modder	Caledon (Orange)	Modder	0.040	Municipal and industrial water supply	Completed
	16. Lesotho -Vaal	Lesotho Highland scheme	Vaal	0.574	Municipal and industrial water supply	Completed
	Sub-total existing IBWT schemes South Africa			3.6		
	1. Zambezi transfer scheme	Zambezi River	South Africa			Conceptual stage
	Sub-total scheme under construction or proposed South Africa			-		
Morocco	1. Beni Moussa scheme	Oued El Rbia River	Tensift River	1.51	Irrigation	
	2. Al Wahda Scheme	Ouerga River	Moulouya	0.77	Municipal and industrial water supply	
	Sub-total existing IBWT scheme Morocco			2.3		
	1. Guerdane Scheme	Tensift basin	Souss-Massa	0.05		
	Sub-total scheme under construction or proposed Morocco			0.1		
Lybia	1. Great Man Made River scheme (Phase I)	Sarir and Tazerbo	Sirt and Benghazi	0.73	Irrigation, municipal and industrial water supply	1993
	2. Great Man Made River scheme (Phase II)	East and North Jabal Hsona	Tripoli	0.73	Irrigation, municipal and industrial water supply	1996
	Sub-total existing EBWT scheme Lybia			1.5		
	1. Great Man Made River scheme (Phase IV)	Jaghboub and Ghadarnes	Tobruck and Tripoli	0.69	Irrigation, municipal and industrial water supply	Proposed
	Sub-total proposed IBWT scheme Lybia			0.7		
Lesotho	1. Lesotho Highlands Water Scheme	Senqu River	South Africa	0.95	Hydropower. water supply	1990
	Sub-total existing IBWT scheme Lesotho			1.0		
	1. Lesotho Highlands Water scheme (Phase II)	Senqu River	South Africa	1.23	Irrigation, hydropower. water supply	Proposed
	Sub-total scheme under construction or proposed Lesotho			1.2		

Country	Scheme	Source	Destination	Volume	Purpose	Status
Sudan	1. Jonglei Canal scheme	Sudd region	Sabat	5.00	Irrigation, flood management, navigation, municipal water supply	Proposed
	Sub-total proposed IBWT scheme Sudan			5.0		
Tanzania	1. Zanzibar Urban Water Supply Development Scheme				Water supply	Expected to complete in 2009
	Sub-total proposed IBWT scheme Tanzania					
Nigeria	1. Gurara water transfer scheme	Gurara River	Abuja	1.50	Water supply, environment protection	Under construction.
	2. Komadugu-Yobe Scheme	Komadusu. Yobe	Lake Chad		Environment protection	Under study.
	Sub-total under construction or proposed schemes Nigeria			>1.5		
Republic of Congo	1. Lake Chad Scheme	Congo Basin	Lake Chad	28.4	Irrigation, municipal water supply, navigation, hydropower. environment restoration	Under process.
	Sub-total proposed IBWT scheme Republic of Congo			28.4		
	Sub-total Africa existing schemes			8.4		
	Sub-total Africa schemes under construction or proposed			36.9		
Oceania						
Australia	1. Snowy Mountain Scheme	Eucumbene River, Tooina River and Upper Murrumbidgee	Murrumbidgee through its tributary Turnut, Lake Eucumbene and Murray River	2.3	Irrigation, hydropower	1974
	Sub-total existing IBWT scheme Australia			2.3		
	1. Kimberley Pipeline	Kimberley	Perth	-		Conceptual stage
	Sub-total proposed IBWTscheme Australia			-		

Algeria Constantine	Beni Haroun water transfer system	Beni Haroun Dam	Constantine	0,504	Water supply and irrigation	2007 & under construction
Algeria	Akbou-Bejaia Water Transfer system	Tichy-HafDam	Bejaia	0,09	Water supply and irrigation	2010
Algeria Tizi Ouzou / Boumerdes / Algiers	Water transfer Taksebt-Algiers	Taksebt Dam	Algiers	0,22	Water supply	2008
Algeria Bouira / Tizi Ouzou	Koudiat Acerdoune Water Transfer system I	Koudiat Acerdoune Dam	Ouadhias	0,039	Water supply and irrigation	Under construction
Algeria Medea /Bouira	Koudiat Acerdoune Water Transfer system III	Koudiat Acerdoune Dam	Boughzoul	0,075	Water supply and irrigation	Under construction
Algeria	Mostaganem-Arzew-O ran Water Transfer System	Cheliff and Kerrada Dams	Mostaganem and Oran cities	0,155	Water supply	
Algeria	Setif-Hodna Water Transfer System	Tabellout Dam	Draa Diss Dam	0,313	Water supply and irrigation	
Algeria Tamanrasset	Water supply Tamanrasset	In Salah Water Table	Tamanrasset	0,036	Drinking water	2011
Algeria Tissemsilt	Water supply of Tissemsilt II	Koudiat Rosfa Dam	Tissemsilt	0,023	Water supply	
Algeria Mostaganem	Water supply of Dahra region from Kramis Dam	Kramis Dam	Mostaganem	0,009	Water supply	

3. BESOIN, POTENTIEL ET LIMITE DU TRANSFERT D'EAU INTERBASSINS

La croissance économique et l'augmentation de la population sont limitées par la visibilité en ce qui concerne deux ressources essentielles, à savoir la terre et l'eau. Toutefois, il est impossible de revenir à la situation initiale en termes de disponibilité par habitant sans entraîner une certaine souffrance sociale ou une angoisse politique. Dans de telles situations, le transfert d'eau interbassins constitue une solution pour libérer de l'espace pour le développement et pour conserver les progrès réalisés au fil du temps.

3.1. ETUDES DU BILAN HYDRIQUE

Comme indiqué, le Comité, ayant passé en revue certains modèles internationaux, recommande un modèle global étant donné que les transferts d'eau ont plusieurs spécificités en ce qui concerne leur conception, leur construction et leur exploitation, impliquant aussi bien des questions technico-économiques que sociopolitiques très variables d'un pays à l'autre. Ces spécificités peuvent inclure :

I. L'hétérogénéité spatiale des besoins en eau;

II. Les différents usages de l'eau, notamment l'approvisionnement des populations et des animaux, l'irrigation, la production d'énergie, l'agriculture, les demandes du secteur industriel, des villes et des demandes diffuses;

III. Les impacts sur le bassin source, en particulier sur la production d'électricité et un débit réservé pour d'autres usages déjà en cours ou prévus;

IV. Les impacts sur les bassins récepteurs modifiant les débits intermittents des rivières pérennes, l'évolution des usages, l'occupation du sol affectant les demandes.

La présente étude ne peut être dissociée d'autres études qui prennent en compte les avantages environnementaux, socioéconomiques et de rentabilité. Elle débute par une collecte de données sur les situations actuelles et futures en termes de disponibilité de l'eau, essentiellement les eaux de surface et souterraines, et des besoins en eau.

Les principales informations résultant des études préliminaires comprennent les éléments suivants :

I. Les contraintes juridiques;

II. L'étude des scénarios;

III. L'analyse prospective de la demande en eau dans les bassins;

IV. L'étude de la disponibilité de l'eau dans les bassins;

V. Le montage des scénarios de demande en eau;

VI. L'identification des opportunités d'investissement;

VII. La politique locale pour les investissements dans la région.

3. NEED, POTENTIAL AND LIMIT FOR INTER-BASIN WATER TRANSFER

The growth in economy and population growth hit a ceiling of sustainability on two primary resource caps namely land and water. However, it is not possible to revert back to original position in terms of per capita availability without causing social or political distress. In such situations, the inter-basin transfer of water provides a solution to generate the space for development and sustenance of the gains made over time.

3.1. WATER BALANCE STUDIES

As stated, this Committee, revising some international models, recommends an overall model since water transfers have several peculiarities in their conception, construction and operation, involving from technical-economic issues to social-political ones widely varying from country to country. Among these features, it can be included:

I. Spatial heterogeneity of water demands;

II. Different water uses, including human supply and quenching of animals' thirst, irrigation, energy generation, farming and industrial demands, diffuse, urban demands;

III. Impacts on the source (transferring) basin, particularly in power generation and firm flow for other uses already in operation or proposed;

IV. Impacts on the receiving basins (transferee), transforming intermittent flows in perennial rivers, changing uses, soil occupation modifying the demands.

This study cannot be split apart from other studies considering environmental, socio economic and cost benefit. It starts with the collection of data that gives the present and future situations in terms of water availability, basically surface and underground, and the demands for water use.

The main information resulting from preliminary studies comprises the following main items:

I. Legal constraints;

II. Study of scenarios;

III. Prospective analysis of water demand in the basins;

IV. Study of water availability in the basins;

V. Assembling water demand scenarios;

VI. Identification of investment opportunities;

VII. Local policy for investments in the area.

3.1.1. Disponibilité en eau dans les bassins sources

Compte tenu de la somme de tous les débits disponibles (pluies, eaux souterraines, fonte des neiges), il faut en décrire la distribution au moyen de courbes de durée - débit issues d'études exhaustives et de la modélisation de l'hydrologie. La Figure 3.1 illustre ce type de courbe.

En règle générale, le prélèvement maximal est réglementé par l'administration chargée des ressources en eau et est fonction des usages actuels et futurs prévus pour l'eau du bassin source. De la même manière, la courbe de durée d'un prélèvement maximal est déduite de la Figure 3.1.

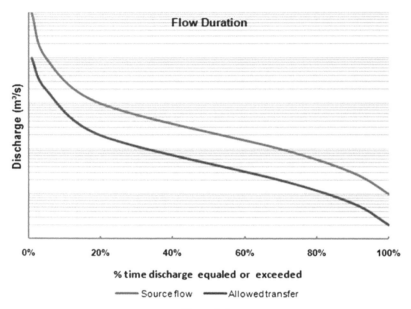

Figure 3.1
Courbes de durée du débit annuel transféré. Le transfert autorisé comprend les pertes dues à l'évaporation, à l'exploitation et à la gestion.

% time discharge equaled or exceeded	*% du temps de fourniture égalé ou dépassé*
Source flow	*Débit de la source*
Allowed transfer	*Transfert autorisé*
Flow duration	*Durée du débit*

3.1.2. Disponibilité en eau dans les bassins récepteurs

Dans certains cas, les bassins bénéficiaires disposent de ressources en eau insuffisantes pour satisfaire leurs besoins dans le cadre des scénarios prévus et doivent être analysés et modélisés de la même manière que pour les bassins sources. Par exemple, dans le cas où il est prévu de satisfaire les demandes en eau à partir de réservoirs, il est possible d'utiliser de formulaires de données condensées comme le montre le tableau de la Figure 3.2.

3.1.1. Water availability in source basin

Taking into account the sum of all available flow (rain, groundwater, snow melting[1]) it has to be described its flow distribution by means of flow duration curves derived from extensive hydrology research and modeling. Figure 3.1 illustrates this type of curve.

As a rule, the maximum withdrawal is regulated by the Water Authority and is a function of the present and future uses proposed for the water in the source. In the same way the duration curve of a maximum withdrawal is derived as shown in Figure 3.1.

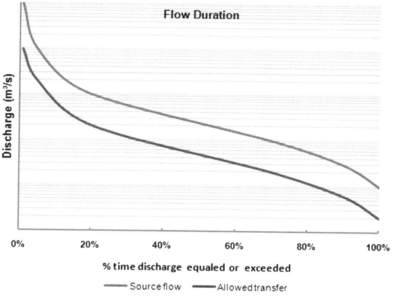

Figure 3.1
Annual flow duration curves. The allowed transfer includes losses due to evaporation, operation and management.

3.1.2. Water availability in receiving basins

In some cases, the benefitted basins have water resources which are not enough to fulfill its needs in the proposed scenarios and have to be analyzed and modeled in the same way source basins were studied. For example, in case the demands are expected to be supplied starting from reservoirs, one can use some form of condensing data as shown in the table of Figure 3.2.

---

[1] Other sources are dealt with in chapter 5.

State/ basin / Sub-Basin	Surface water resources			Underground water resources	
	Regulated Flows			Aquifer	Renewable resources (based on recharge by average rainfall (m^3/s)	Resources in dynamic storage of aquifer (m^3/s)
	reservoir	Gross regulated flows Q (m^3/s)				
		assured	assured			
	-	99%	99%			

Figure 3.2
Tableau récapitulatif des eaux disponibles dans la région cible.

Pour chaque région, la prévision de la demande, dans le scénario le moins probable, doit tenir compte de sa propre hydrologie et de ses contraintes juridiques et environnementales, résultant du débit net distribué en fonction du pourcentage de la durée du débit.

Les eaux (urbaine, industrielle) recyclées, bien qu'elles représentent de petites quantités de la demande totale, peuvent être incluses dans les chiffres définitifs pour établir la demande.

Dans la mesure du possible, l'introduction de réservoirs de régulation le long du tracé du transfert améliore le débit moyen transféré, ce qui améliore également les caractéristiques hydrauliques du système, apportant ainsi une certaine synergie à l'exploitation.

3.1.3. Besoins en eau des bassins récepteurs

Toutes les informations et études proposeront un scénario final qui établira la quantité d'eau dans le bassin bénéficiaire et sa distribution dans le temps.

Dans les cas plus complexes, le débit de transfert n'est pas établi en tant que valeur constante et change en fonction de la variation de la demande d'eau dans les régions cibles. Le système de transfert sera alors conçu pour fournir le débit maximal défini pour la solution retenue.

La courbe inférieure de la Figure 3.1 représente la limite supérieure des débits. Un résumé des études peut se faire dans un tableau tel qu'illustré à la Figure 3.3.

Demande d'eau (m^3/s)				
Usage	Actuel	Scenario 1	Scenario 2	Scenario 3
Urbain				
Industriel				
Diffus				
Irrigation				
Autres				

Figure 3.3
Scenarios des usages de l'eau dans les bassins récepteurs.

Enfin, les débits, tels qu'ils sont prévus dans le tableau précédent, doivent être répartis en fonction de chaque point de livraison qui, en fonction de la taille du bassin bénéficiaire, peut présenter des différences climatiques et diverses périodes de débits de pointe, ce qui rend très difficile la planification de la variation dans le temps des eaux transférées.

State/ basin / Sub-Basin	Surface water resources			Underground water resources		
	Regulated Flows		Aquifer	Renewable resources (based on recharge by average rainfall (m^3/s)	Resources in dynamic storage of aquifer (m^3/s)
	reservoir	Gross regulated flows Q (m^3/s)				
		assured 99%	assured 99%			

Figure 3.2
Table with the resume of available water in target region.

For each region the demand forecast, for the furthest scenario, has to take into account its own hydrology and legal and environmental constraints resulting in the net flow distributed according to its percentage of flow duration.

Reuse (urban, industrial) although saving small amounts of the total demand can be included in the final figures to issue the demand.

Whenever possible, the introduction of regulating reservoirs along transfer path improve the average transferred flow leading to also improve hydraulic characteristics of the system, bringing some synergy to the operation, as well.

3.1.3. Water need in receiving basins

Together, all these information and studies will propose a final scenario which establishes the water amount in the transferee basin and its time distribution.

In the more complex case, the transfer flow rate is not established as a constant value, and varies depending on the demand variation for water in the target regions. The transfer system will then be conceived to convey the maximum flow determined for the chosen alternative.

The lower curve in Figure 3.1 represents the upper boundary for the flows. A summary of the studies may be consisted in a table as illustrated in Figure 3.3.

Water demand (m^3/s)				
Use	Present	Scenario 1	Scenario 2	Scenario 3
Urban				
Industriel				
Diffuse				
Irrigation				
Others				

Figure 3.3
Consisting scenarios for water use in the receiving basins.

Finally, the water flows as consisted in the previous table, have to be distributed according to every delivery spot which, depending on the size of the benefitted basin, may have climate differences and different periods of peak flows, which makes very difficult to establish the planning of time variation of conveyance.

3.1.4. Stratégies de planification et de mise en œuvre

Dans presque tous les cas, les projets de transfert d'eau interbassins envisagent le transfert à travers diverses limites administratives et régionales. Les parties prenantes des bassins exportateurs et importateurs doivent se concerter pour les planifier et élaborer des schémas de transferts. Contrairement à un réseau électrique interrégional où l'électricité peut circuler de manière dynamique entre les zones excédentaires et déficitaires, chaque zone pouvant jouer le rôle de zone excédentaire ou déficitaire, les projets de transfert d'eau interbassins fixent les rôles des bassins exportateurs et importateurs en permanence. Dans ces scénarios, des projections multiples de demande et des modes de l'utilisation finale sont soutenues par différents groupes d'intérêt. Une approche consensuelle est un impératif pour orienter la planification technologique des systèmes de transfert d'eau interbassins. L'évaluation de l'excédent s'est révélée être un exercice très difficile. Il existe un ensemble d'options multiples disponibles du point de vue technologique et chacune d'entre elles peut avoir un attrait particulier pour un groupe particulier de parties prenantes. L'agence de planification doit par conséquent nécessairement évaluer chacune d'entre elles et les combiner à plusieurs reprises pour élaborer une solution acceptable. Cela implique un exercice beaucoup plus rigoureux en matière de planification de l'aménagement hydraulique et de ses structures que le simple projet interbassin.

3.1.5. Modélisation du système

Les observations contenues dans les points précédents donnent des informations pour élaborer le modèle type qui représente le système avec toutes les caractéristiques hydrauliques nécessaires, pour le simuler avec tout logiciel disponible modélisant la distribution de tous les débits et l'orientation des procédures d'exploitation.

En prenant en compte toutes les disponibilités, demandes (Figure 3.1), pertes et priorités, il est possible de distribuer les débits en fonction de l'hydrologie des deux bassins, ainsi que des utilisations dans chaque zone à alimenter. Cette étude modélisera également l'évolution dans le temps de l'augmentation de la demande jusqu'à la limite du scénario établi.

Ce modèle sert également de base pour dimensionner l'hydraulique du système en ce qui concerne le canal, les vannes et le déversoir.

D'autre part, il est également possible de contribuer à l'exploitation du système. Compte tenu du fonctionnement intégré de tous les réservoirs, y compris les régulateurs, il est possible de réduire au minimum les pertes dues à la gestion, c'est-à-dire par déversement des eaux transférées.

L'un des résultats peut être consolidé en termes de courbe de durée montrant la distribution dans le temps des débits compte tenu des limitations imposées par la source en essayant de faire fonctionner le système au plus près possible des débits disponibles. La Figure 3.4 illustre cette idée.

3.1.4. Planning and Implementation strategies

Almost as a rule, the IBWT proposals envisage the transfer of resources across diverse administrative and regional boundaries. The donor and receiver basin stake holders have to be brought together for planning and formulation of the schemes. As against an inter-regional power grid where power can flow dynamically between surplus and deficit regions with each region capable of assuming the role of a surplus or deficit region; the IBWT proposals fix the roles of export and import basins permanently. In such scenarios multiple demand projections and ultimate usage patterns are propagated by different interest groups. A consensual approach is a must for driving the technological planning of the IBWT schemes. Evaluation of surplus has been found to be a very difficult exercise. There are a multiple set of options available from technology point of view and each one of them may hold special appeal to an individual group of stake holders. The planning agency has to perforce evaluate each one of them threadbare and more often combine them to evolve an acceptable solution. This involves a much more rigorous exercise in hydrological and structural layout planning than a single standalone intra-basin project.

3.1.5. System modeling

The considerations described in the preceding items give information to prepare the model scheme which represents the system with all necessary hydraulic features, to be simulated in any available software which will model all flows distribution and give orientation for operation procedures.

Establishing all availability, demands (Figure 3.1), losses and priorities it is possible to distribute the flows according to the hydrology in both basins, as well as to the uses in every spot to be supplied. This study will also model the time evolution of demand growth up to the limit of the established scenario.

This model is also the basis for dimensioning the hydraulics of the system as, for example, canal, gates and spillway dimensions.

On the other hand, it is also possible to give the first input for operation of the system. Considering the integrated operation of all reservoirs, including the regulating ones it is possible to reduce to a minimum the losses due to management. In other words, to reduce spilling of transferred water.

One of the results can be consolidated in terms of duration curve showing the time distribution of flows considering the limitations imposed by the source trying to operate the system as close as possible of the available flows. Figure 3.4 illustrates the idea.

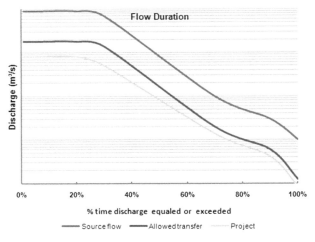

Figure 3.4
Pourcentage de la durée dans le temps des débits transférés. Dans ce cas, la source est un réservoir de régulation qui maintient le débit maximal entre 25 à 30% du temps.

% time discharge equaled or exceeded	% du temps de fourniture égalé ou dépassé
Source flow	Débit de la source
Allowed transfer	Transfert autorisé
Flow duration	Durée du débit

3.1.6. Gestion

L'essentiel de la gestion d'un système de transfert d'eau interbassins est de finaliser une politique d'exploitation en accord avec les parties prenantes des bassins exportateurs et importateurs. Des politiques d'exploitation et des assurances sont exigées dans le cadre du droit des parties prenantes au moment de la planification et de la conception des composantes individuelles des systèmes. Ces schémas d'exploitation doivent prendre en compte des pratiques historiques des riverains dans les bassins exportateurs. Des mécanismes administratifs sous forme de groupes de régulation des réservoirs comprenant du personnel mandaté par les deux bassins doivent être mis en place pour exploiter les différentes phases du cycle hydrologique. Le groupe aura également besoin d'un arbitre neutre et indépendant qui pourra aplanir les différends en temps réel de manière impartiale et compter sur les deux parties (à savoir l'exportateur et le l'importateur) pour jouer ce rôle.

Le modèle opérationnel et de gestion doit inclure des composantes de gestion des crues en période de pluies torrentielles et de mousson et la gestion de la consommation pendant la saison sèche. Des mécanismes explicites d'excédent ainsi que de partage du déficit doivent être intégrés au modèle. Le modèle n'est pas uniquement hydrologique, mais inclut aussi des composantes d'évaluation et de distribution des ressources générées par la production d'électricité, etc. Des modules financiers autonomes ou intégrés à des modèles opérationnels hydrologiques sont également nécessaires.

Ce Comité considère que le système de transfert doit être considéré comme une seule entité mais également exploité par une seule entité. Ce concept, désormais possible grâce au développement impressionnant du matériel informatique et de système SCADA (Système de contrôle et d'acquisition de données), conduit à une gestion plus intégrée, augmentant ainsi l'efficacité des opérateurs et des gestionnaires.

La structure hiérarchique du dispositif de surveillance et de contrôle numériques (DSCS), qui prend en considération toutes les unités du système (stations de pompage, centrales électriques, structures de contrôle, dérivations, vannes, suivi du débit et des niveaux, etc.) peut être conçue en quatre niveaux fonctionnels.

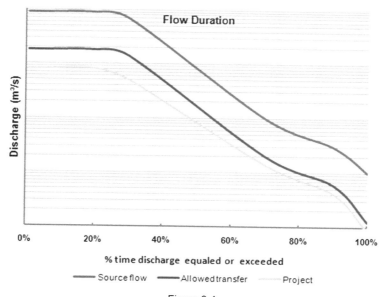

Figure 3.4
Percent of time duration for transferred flows. In this case the source is a regulating reservoir that maintains the maximum flow for 25 to 30% of the time.

3.1.6. Management

The key to management of an IBWT scheme is to finalize an operational policy in tune with the stakeholders in donor as well as receiver basins. The operational policies and assurances are demanded by the groups' right at the time of planning and designing of the individual components of the schemes. Such operational plans have to take into account the historical practices of the riparian areas in the donor basins. Administrative mechanisms in form of reservoir regulation groups comprising of key personnel from both the basin areas have to be set up and mandated for operation in various phases of the hydrological cycle. The group will also need an independent neutral arbiter who can resolve the differences in real time in a dispassionate manner and can be relied upon by both the parties (viz. donor and receiver) to play the role.

The operational and management model has to have the components of flood management in monsoon and consumption management in the lean season. Explicit mechanisms of surplus as well as deficit sharing have to be put into the model. The model does not remain merely hydrological but also has components of assessing and distributing resources generated out of power production, etc. This needs financial modules as well which can be stand alone or can be integrated with hydrological operational models.

This Committee understands that the Transfer System has to be approached as a single entity and operated by a single entity as well. This concept, now possible due to the impressive development of hardware and SCADA systems (Supervisory Control and Data Acquisition), leads to a more and better integrated management increasing the efficiency of operators and managers.

The hierarchical structure of the Digital Supervision and Control System DSCS considering all system units as pumping stations, power plants, control structures, derivation, valves, flow and levels monitoring, etc., can be conceived in four functional levels.

Niveau 0

Correspond au niveau d'exploitation le plus bas et n'est utilisé qu'à la mise en service ou lors de l'entretien du matériel ou en cas d'urgence. En situation normale, le système fonctionne toujours à partir du niveau 1 ou un niveau supérieur.

Il s'agit d'une opération risquée, étant donné que les fonctions de contrôle et de supervision du DSCS ne sont pas activées.

Niveau 1

La partie basse du DSCS, identifiée comme niveau 1, correspond à la collecte et au contrôle des données des sous-systèmes locaux des éléments pour les stations de pompage, barrages hydroélectriques, structures de contrôle, vannes, unités de surveillance, etc.

L'équipement de ce niveau de DSCS, qui comprend les unités d'acquisition et de contrôle (UAC), constitue des sous-systèmes fonctionnellement autonomes et indépendants les uns des autres et des niveaux supérieurs, concernant la mise en œuvre des fonctions de base du contrôle, des verrouillages, de l'automatisation, de mesure et de « factorisation » nécessaires à l'exploitation correcte et sûre de l'équipement.

En cas de perte de l'UAC, seul cet équipement perdra ses fonctions, ce qui maintiendra l'intégrité du système dans son ensemble. Par conséquent, l'UAC et le PLC (automate programmable), qui constitue la partie intelligente du dispositif, permet à l'équipement de fonctionner en toute sécurité.

Niveau 2

Le niveau 2 du DSCS gère la supervision et le contrôle de la station de pompage ou de la centrale électrique concernée et des vannes de type Bunger, des structures de contrôle correspondantes, etc. Ainsi, grâce à l'équipement du niveau 2, il est possible de commander l'équipement principal et auxiliaire d'une station de pompage et d'une centrale électrique, les dispositifs de surveillance des niveaux des réservoirs, la commande des vannes et la surveillance des dispositifs à distance.

Le niveau 2 comprend des plates-formes informatiques pour la transmission ou la réception de données du Centre de contrôle des opérations (OCC).

Le niveau 2, en plus des fonctions de supervision et de contrôle, possède également un logiciel de base de données dans SCADA (Système de contrôle et d'acquisition de données). Toutes les informations concernant les prestations de ce niveau seront stockées dans cette base de données.

Niveau 3

Le niveau 3 gère la surveillance et le contrôle des équipements et dispositifs du système du transfert d'eau, y compris les stations de pompage, les centrales hydroélectriques, les systèmes de transmission, les structures de contrôle et les moyens de dérivation.

Le niveau 3 comprend les plateformes informatiques du système d'exploitation fonctionnant en mode veille, rendant ainsi interchangeable l'exploitation de tout équipement. Le niveau 3 se situe dans l'OCC, avec la base de données principale et les unités de traitement. Son architecture peut être illustrée comme sur la Figure 3.5. Le résumé de son arborescence est esquissé dans la Figure 3.6.

Level 0

Corresponds to the lowest level of operation, and is only used in the commissioning, during equipment maintenance or in emergencies. In normal situation the system is always operated from the level 1 or higher.

This is a risky operation, since the functions of control and supervision of the SDSC are not acting.

Level 1

The lower part of DSCS, identified as Level 1, meets the local subsystems data acquisition and control for the elements of the pumping stations, hydroelectric dams, control structures, valves, monitoring units, etc.

The equipment in this level of DSCS, which are the units of acquisition and control (UAC) form subsystems functionally autonomous and independent of each other and the upper levels, as regards the implementation of the basic functions of control, interlocks, automation, measurement and factoring necessary for the correct and safe operation of equipment.

In case of loss of UAC, only that equipment will lose their functions, thus maintaining the integrity of the system as a whole. Therefore, the UAC, and the PLC (programmable logical controller) - which is the intelligent part of the panel, allows the equipment to operate safely.

Level 2

Level 2 of the DSCS is responsible for the supervision and control of their corresponding pumping station or power plant and control structures Bunger valves, etc. Thus, through the equipment of level 2, is possible to control the main and auxiliary equipment at a pumping station and power plant, monitoring devices of reservoirs levels, control of gates or valves and monitoring remote outlets devices.

Level 2 consists of computing platforms for the transmission or reception of data from the Operation Control Centre (OCC).

Level 2, in addition to the functions of supervision and control, also possess native database software in SCADA. In this database will be stored all information concerning the area of performance of this level.

Level 3

Level 3 is responsible for supervision and control of equipment and systems throughout the entire Water Transfer System, including pumping stations, hydroelectric plants, transmission systems, control structures and diversion units.

Level 3 consists of computing platforms of operation system running on hot standby, making the operation of any equipment interchangeable. Level 3 is located in the OCC, with the main data base and processing units. Its architecture can be illustrated as shown in Figure 3.5. The summary of the hierarchy architecture is sketched in Figure 3.6.

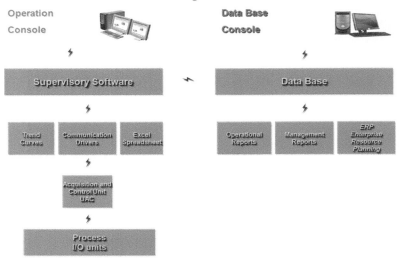

Figure 3.5
Architecture du niveau 3.

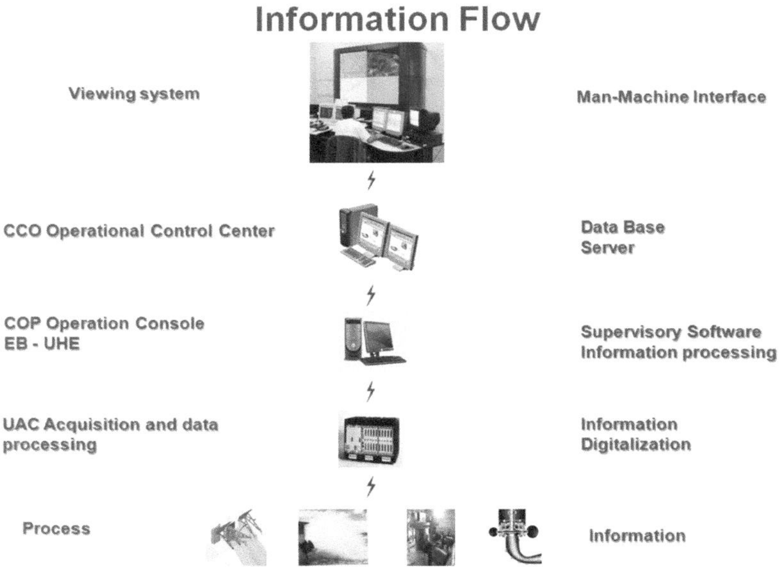

Figure 3.6
Synthèse de l'arborescence

L'un des objectifs importants du système SCADA (Système de contrôle et d'acquisition de données), en cours d'exploitation, est la possibilité d'apprentissage basée sur l'acquisition de données susceptibles d'être toujours améliorées, toutes les données saisies étant très dynamiques. Par exemple, le climat, les demandes et les améliorations d'ordre juridique évoluent avec le temps et forment l'épine dorsale du modèle opérationnel amélioré par rapport à celui décrit au point 3.1.4.

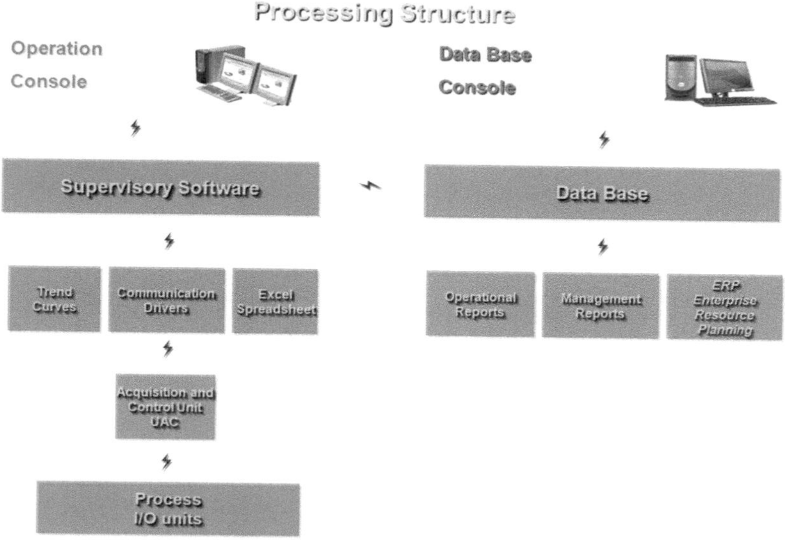

Processing Structure

- Operation Console
- Supervisory Software
  - Trend Curves
  - Communication Drivers
  - Excel Spreadsheet
- Acquisition and Control Unit UAC
- Process I/O units

- Data Base Console
- Data Base
  - Operational Reports
  - Management Reports
  - ERP Enterprise Resource Planning

Figure 3.5
Process architecture in Level 3.

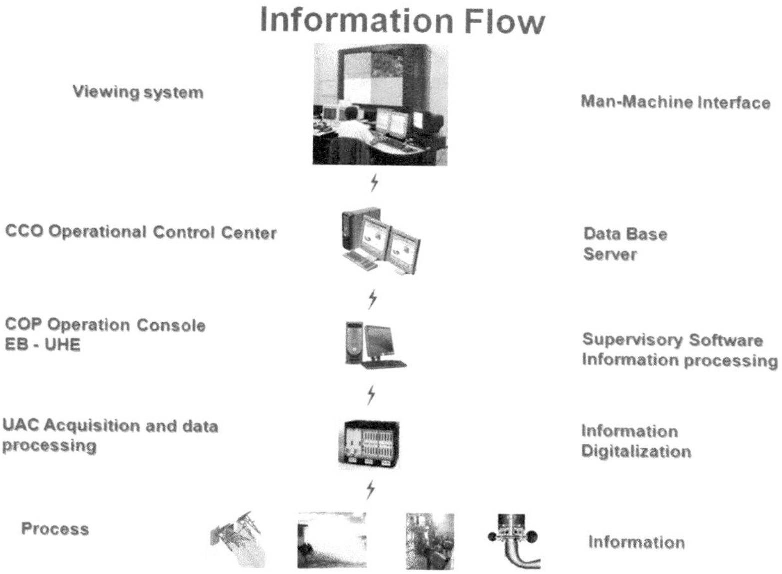

Information Flow

Viewing system	Man-Machine Interface
CCO Operational Control Center	Data Base Server
COP Operation Console EB - UHE	Supervisory Software Information processing
UAC Acquisition and data processing	Information Digitalization
Process	Information

Figure 3.6
Summary of the hierarchy architecture.

One of the important objectives of the SCADA system, during operation, is the possibility of learning based on data acquisition whose trends are always improved since all input data are very dynamic. For example, climate, demands and legal improvements modify with time and are the backbone of the operation model improved from that described in item 3.1.4.

En dernier lieu, plus le système de transfert est important, plus l'inertie de réactivité du système est élevée. La gestion de la prise d'eau pour le système doit être planifiée dans un délai allant de quelques jours à plusieurs mois avant de procéder à la modification des demandes d'alimentation, car il faut beaucoup de temps pour changer le volume d'eau du système et adapter le débit correspondant. Dans ce cas, les gestionnaires doivent traiter le transfert en volume plutôt qu'en débit. Cette procédure réduit la perte par déversement des eaux transférées inutilisées.

3.2. LE RÔLE DES BARRAGES DANS LES TRANSFERTS D'EAU

3.2.1. Généralités

Les barrages jouent un rôle important dans les systèmes de transfert interbassins du point de vue hydrologique et hydraulique. Les principaux rôles des barrages, compte tenu du fait que beaucoup d'entre eux jouent plusieurs rôles, sont les suivants :

- Dérivation des eaux,
- Réservoir de régulation des débits,
- Lien entre les systèmes de transfert d'eau,
- Augmentation d'un niveau d'eau.

3.2.2. Détournement des eaux

Le concept de base des transferts d'eau interbassins est de transférer l'eau d'un bassin hydraulique source vers un bassin hydraulique récepteur en utilisant un circuit composé généralement d'aqueducs, de canaux, de tunnels, de conduites ou de leur combinaison, incluant ou excluant des stations de pompage, des bassins de retenue ou des centrales hydroélectriques.

Les barrages construits sur la rivière source assurent un niveau d'eau nécessaire à l'entrée du circuit hydraulique et dérivent les eaux de la rivière vers le système comme le montre la Figure 3.2.1.

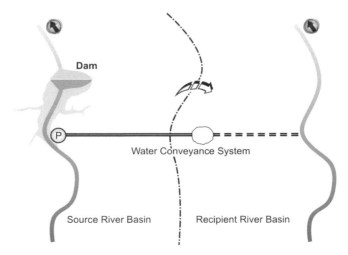

Figure 3.2.1
Barrage de dérivation des eaux dans les transferts d'eau interbassins

As a final remark, the greater the Transfer System higher is the inertia of system response. The management of water intake for the system has to be planned from days to months before the action of modifying demands supply, since it takes long time to modify the water volume of the system to adapt the corresponding flow. For this case the management has to deal with volume transfer instead of flow. This procedure reduces the loss of unused transferred water spilling.

3.2. THE ROLE OF DAMS IN WATER TRANSFERS

3.2.1. General

Dams play important roles in inter-basin water transfer (IBWT) schemes from hydrological and hydraulic points of view. The principal roles of dams, taking into account that many dams serve for more than one role, are:

- Water diversion,
- Flow regulating reservoir,
- Link between water conveyance systems, and
- Rise of a water level.

3.2.2. Water Diversion

The basic concept of IBWTs is to transfer water from a source river basin to a recipient river basin by utilizing a water conveyance system that in general consists of aqueducts, canals, tunnels, pipelines, or their combination, including or excluding pumping stations, pondages or hydropower stations.

Dams constructed in the source river ensure hydraulically required water depth at the intake of the water conveyance system and divert the river water to the system as illustrated in Figure 3.2.1.

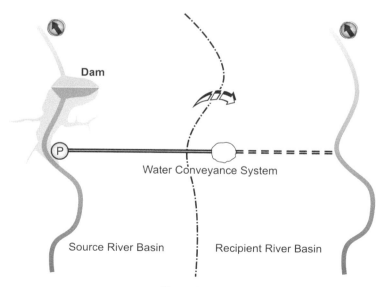

Figure 3.2.1
Dam for Water Diversion in IBWTs

Lorsque les systèmes de transport d'eau traversent des bassins inter-fluviaux, notamment des rivières intermédiaires, plus d'un barrage peut être nécessaire pour la dérivation des eaux (voir la Figure 3.2.2).

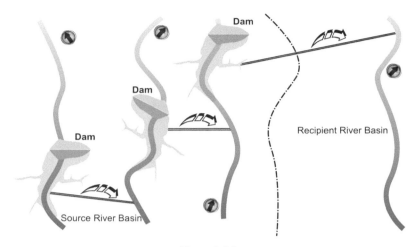

Figure 3.2.2
Multiples barrages de dérivation des eaux

3.2.3. Réservoir d'eau

Dans les transferts d'eau interbassins, les barrages jouent un rôle dans la construction d'une retenue d'eau qui vise à stocker et à réguler les écoulements du cours d'eau dans la rivière source pour une utilisation efficace des ressources en eau. Ces barrages avec réservoirs sont prévus dans la rivière source, la rivière relais ou la rivière réceptrice selon la disponibilité des sites de barrage appropriés. Ces barrages ont généralement aussi une fonction de dérivation des eaux, alors que dans certains cas deux barrages distincts pour le réservoir et le détournement sont envisagés. Voir la Figure 3.2.3.

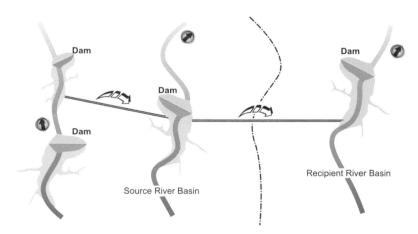

Figure 3.2.3
Barrages de réservoir d'eau dans les transferts d'eau interbassins

When the water conveyance systems cross multi-river basins including relay rivers, more than one dam may be provided for the water diversion purpose (see Figure 3.2.2).

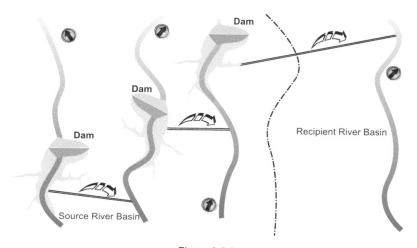

Figure 3.2.2
Multiple Dams for Water Diversion

3.2.3. *Water Reservoir*

Dams in IBWTs play a role to build a water reservoir that aims at storing and regulating the stream flows in the source river for efficient water resources utilization. These dams with reservoirs are provided in the source river, relay river or recipient river according to the availability of the suitable dam sites. Such dams usually have the water diversion function as well, while in some cases two separate dams for reservoir and diversion are proposed. Refer to Figure 3.2.3.

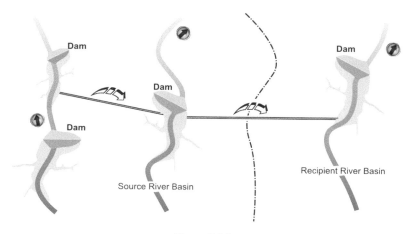

Figure 3.2.3
Dams for Water Reservoir in IBWTs

3.2.4. Liaison entre les systèmes d'adduction d'eau

Les barrages assurent une fonction de liaison entre les multiples systèmes d'adduction d'eau, dans le cas où le transfert d'eau interbassins dérive plus d'un cours d'eau ou inclut des rivières relais comme indiqué dans la Figure 3.2.4.

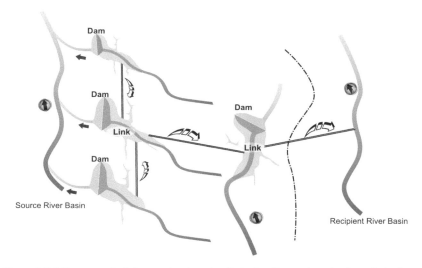

Figure 3.2.4 Barrages de liaison entre des circuits hydrauliques dans les transferts d'eau interbassins.

3.2.5. Elévation du niveau des eaux

Les barrages construits dans la rivière source contribuent à l'élévation du niveau de l'eau de la rivière, de sorte que le circuit hydraulique fonctionne gravitairement ou nécessite moins de pompage tel qu'illustré à la Figure 3.2.5. Il est à noter que cela est normalement un avantage subsidiaire qui se produit lorsque des barrages sont nécessaires pour la dérivation ou le stockage. Prévoir un barrage surtout pour l'élévation du niveau d'eau est considéré comme un cas rare.

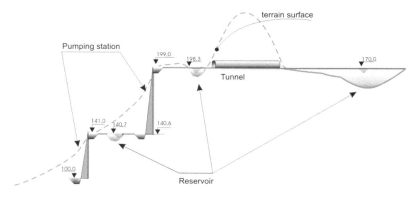

Figure 3.2.5
Barrages et stations de pompage pour l'élévation du niveau des eaux dans les transferts d'eau interbassins.

3.2.4. Link between Water Conveyance Systems

Dams have a function as a link between multiple water conveyance systems, in the case that the IBWT diverts more than one river courses or includes relay rivers as indicated in Figure 3.2.4.

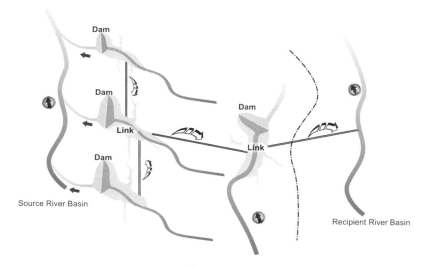

Figure 3.2.4
Dams for Link between Water Conveyance Systems in IBWTs.

3.2.5. Rise of Water Level

Dams built in the source river contribute to the rise of the river water level, so that the water conveyance system can be a gravity flow or have less pumping head as illustrated in Figure 3.2.5. It is noted that this is normally a subsidiary benefit that occurs when dams are required for the water diversion or reservoir purposes and planning a dam mainly for the rise of water level is considered to be a rare case.

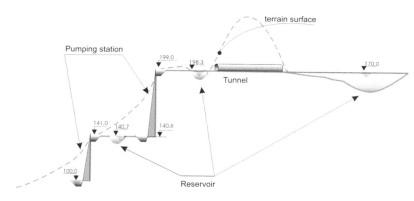

Figure 3.2.5
Dams and pumping stations for Rising the Water Level in IBWTs.

3.3. APPROCHES DE PLANIFICATION DES TRANSFERTS

En général, il existe deux approches de planification du transfert dans les transferts d'eau interbassins.

a) Transfert d'un point à un autre

b) Changement de centre de régulation

3.3.1. Transfert d'un point à un autre

Ce type de transfert implique qu'un point de dérivation en tête à partir duquel un canal ou un tunnel ou une combinaison des deux émerge et dérive les eaux vers les bassins adjacents. Dans ces systèmes, il existe souvent des installations de production hydroélectrique utilisant les débits excédentaires le cas échéant, ou des stations de pompage, si la topographie de la zone le permet. De tels transferts servent à accroître l'utilisation d'un réservoir ou d'une structure de dérivation plus loin en aval du point de restitution dans le bassin récepteur. Toutefois, l'utilisation des eaux transférées peut se faire ou non en cours de route.

Ces transferts impliquant des canaux peuvent assurer des avantages en matière d'irrigation sur le trajet du transfert, améliorant ainsi les avantages du projet.

Les transferts d'un point à un autre peut également être utiles dans la gestion des crues et la réduction des dégâts dans le bassin exportateur en raison de la capacité limitée du lit de la rivière. Dans les régions avec du relief, ces transferts sont associés à la production hydroélectrique.

3.3.2. Substitution du centre de régulation

Les transferts d'eau sur de longues distances à travers un ensemble de bassins adjacents doivent être planifiés à l'aide de cette approche pour minimiser les coûts de transport et la taille des structures de transport. De tels transferts peuvent également tirer parti des réservoirs existants à des altitudes plus élevées qui sont entièrement gérés par leurs propres centres de régulation, mais peuvent également fournir de l'eau à condition que leur gestion soit partiellement reprise avec celle provenant d'un bassin limitrophe.

De tels transferts comportent également l'avantage de réduire l'importance du pompage dans des cas spécifiques, car la différence relative entre l'ouvrage de tête du bassin adjacent et la zone potentielle à alimenter peut-être inférieure à celle entre un réservoir de niveau plus bas dans la même zone.

Les approches avec des solutions de substitution sont souvent associées à une meilleure fiabilité des approvisionnements dans certaines des zones desservies car la distance relative et l'utilisation intermédiaire dans les limites du circuit hydraulique peuvent diminuer en raison d'un tel arrangement.

Cependant, de tels programmes doivent être planifiés avec une solide approche consensuelle lorsque la régulation relève d'unités administratives ou politiques distinctes. Très souvent, les bénéficiaires d'un régime existant qui doivent passer de la régulation de leur ressource dans leur propre juridiction administrative à un autre centre de régulation qui ne relève pas de leur juridiction résistent à de tels changements. Les appréhensions doivent être abordées à l'aide de plans opérationnels rationnels et d'études rigoureuses pour démontrer à travers diverses simulations la fiabilité du système proposé.

3.3. APPROACHES TO TRANSFER PLANNING

In general, there are two approaches to planning a transfer through IBWT.

a) Point to point transfer
b) Command area substitution

3.3.1. *Point to point transfer*

Such transfer involves a head diversion point from where a canal or a tunnel or a combination emerges and transfers the waters to the adjoining basins. In such schemes often there are hydropower generation facilities utilizing the drops, if any or there can be pumping stations if the topography of the area so demands. Such transfers serve the purpose of augmenting the utilization from a reservoir or diversion structure further downstream of the outfall point in the recipient basin. However, utilization of the waters being transferred en-route may or may not be present.

Such transfers involving canals have the possibility of developing en-route irrigation benefits thereby improving the benefits of the project proposal.

Point to point transfers can also be useful in flood management and the reduction of damages in the donor basin due to limited carrying capacity of the river channel. In hilly terrains, such transfers are associated with hydropower production.

3.3.2. *Command area substitution*

the conveyance costs and size of conveyance structures. Such transfers are also able to take the benefit of pre-existing reservoirs at higher levels that are otherwise fully committed to their own command areas but can serve as sources provided some of their command is taken over by waters supplied from an adjoining basin.

Such transfers also carry the advantage of reduction in pumping effort in specific cases as the relative difference between the head works in the adjoining basin and the potential command may be lesser than that between a low-level reservoir within the same command.

Substitution approaches are often associated with better reliability of supplies to some of the served areas as the relative distance and intervening use in u/s reaches of canal can decrease due to such arrangement.

However, such schemes have to be planned with a very vigorous consensus building approach when the commands are lying in separate administrative or political units. Very often the existing beneficiaries of an existing scheme who have to move from their source within their own administrative jurisdiction to another new source which may not be within their jurisdiction, resist such change. Apprehensions have to be addressed with the help of sound operational plans and rigorous studies to demonstrate through various simulations the reliability of the proposed scheme.

3.4. OPTIONS D'AMÉNAGEMENT

Les aménagements hydrauliques des transferts d'eau interbassins sont très divers. Cependant, les discussions ici sont limitées aux options relatives à l'aménagement des barrages. La variété des systèmes de transferts d'eau, par exemple les types de structures des circuits hydrauliques, les conditions d'écoulement (gravitaire ou pompage) ou la position de la station de pompage, ne sont pas prises en considération.

Les aménagements sont principalement classés suivant les quatre options suivantes en termes de nombre et de position des sources, des relais et des rivières réceptrices et des sens des transferts :

I. Transfert d'eau d'une seule rivière source vers une seule rivière réceptrice par le biais d'un seul système de circuit d'eau (Figure 3.3.1);

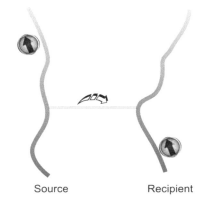

Figure 3.3.1
Aménagement schématique de l'option 1

II. Transfert d'eau à partir de plusieurs rivières sources vers une seule rivière réceptrice par le biais de plusieurs systèmes de circuits hydrauliques (voir Figure 3.3.2);

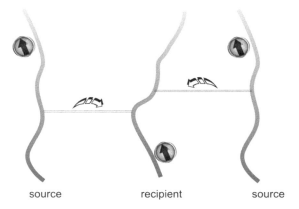

Figure 3.3.2
Aménagement schématique de l'option 2

3.4. LAYOUT OPTIONS

The hydraulic layouts of IBWTs vary quite widely. However, discussions here are limited to the layout options relating to the arrangement of dams. The variety of water conveyance systems, for example waterway structural types, flow conditions (gravity or pumping), or pumping station position, is not subject to consideration.

The layouts are primarily categorized into the following four options in terms of the number and position of source, relay and recipient rivers and the water transfer directions:

I. Water transfer from a single source river to a single recipient river through a single water conveyance system (Figure 3.3.1);

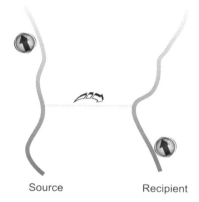

Figure 3.3.1
Schematic Layout of Option 1

II. Water transfer from multiple source rivers to a single recipient river through multiple water conveyance systems (see Figure 3.3.2);

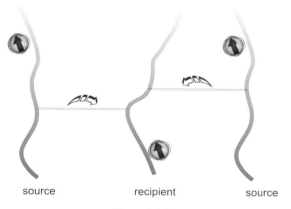

Figure 3.3.2
Schematic Layout of Option 2

81

III. Transfert d'eau à partir d'une seule rivière source vers plusieurs rivières réceptrices par le biais de plusieurs systèmes de circuits hydrauliques (Figure 3.3.3);

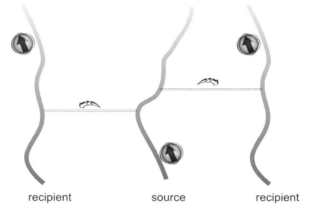

Figure 3.3.3 Aménagement schématique de l'option 3

IV. Transfert d'eau à partir d'une seule rivière source à travers des rivières relais (unique ou multiples) par le biais de plusieurs systèmes de circuits hydrauliques (voir Figure 3.3.4).

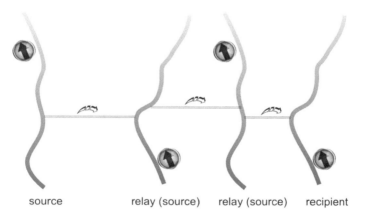

Figure 3.3.4 Aménagement schématique de l'option 4

Chaque option est ensuite déclinée en trois sous-options suivantes du point de vue de la disposition et du rôle des barrages, en particulier la position d'un barrage ayant une fonction de réservoir :

- **Sous-option A :** Chaque rivière source est dotée d'un seul barrage avec un réservoir. Les rivières réceptrices ne possèdent pas de barrage.

- **Sous-option B :** Chaque rivière source a plusieurs barrages et le barrage en amont possède un réservoir. Cette sous-option est à adopter lorsque le site de réservoir approprié est éloigné du site de dérivation de l'eau et que les rivières réceptrices n'ont pas de barrage.

III. Water transfer from a single source river to multiple recipient rivers through multiple water conveyance systems (Figure 3.3.3);

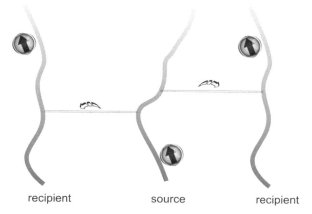

recipient   source   recipient

Figure 3.3.3
Schematic Layout of Option 3

IV. Water transfer from a single source river to a single recipient river via relay rivers (single or multiple) through multiple water conveyance systems (see Figure 3.3.4).

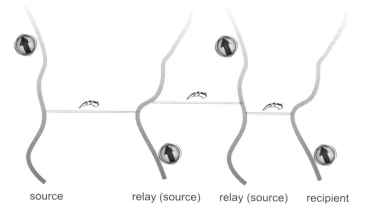

source   relay (source)   relay (source)   recipient

Figure 3.3.4
Schematic Layout of Option 4

Each option is further classified into the following three sub-options from the viewpoint of the arrangement and role of dams in particular the position of a dam that has a reservoir function:

- **Sub-option A:** Each source river has a single dam with a reservoir. Recipient rivers have no dam.

- **Sub-option B:** Each source river has multiple dams, where the upstream dam has a reservoir. This would be adopted when the suitable reservoir site is far from the water diversion site. Recipient rivers have no dam.

- **Sous-option C** : Chaque rivière réceptrice a un barrage unique avec un réservoir. Chaque rivière source a un seul barrage pour la dérivation de l'eau. Cette sous-option est à adopter quand aucun site de barrage approprié n'est disponible dans les rivières sources ou qu'un réservoir dans la rivière réceptrice est plus avantageux que dans la rivière source.

Combinant les quatre options et trois sous-options ci-dessus, 12 options d'aménagement se présentent comme suit :

- **Option 1A** : Un barrage avec un réservoir dans une seule rivière source, et un seul système de transport d'eau vers une seule rivière;

- **Option 1B** : Plus d'un barrage dans une seule rivière source, dont le barrage en amont est doté d'un réservoir, et un seul système circuit hydraulique vers une seule rivière;

- **Option 1C** : Un barrage dans une seule rivière source, un seul système de circuit hydraulique vers une seule rivière destinataire et un barrage avec un réservoir dans la rivière réceptrice;

- **Option 2A** : Plusieurs rivières sources indépendantes, avec un barrage dans chaque rivière source et plusieurs systèmes de circuit hydraulique vers une seule rivière destinataire;

- **Option 2B** : Plusieurs rivières sources indépendantes, avec plus d'un barrage dans chaque rivière source avec un barrage amont doté d'un réservoir, et plusieurs systèmes de circuit hydraulique vers une seule rivière réceptrice;

- **Option 2C** : Plusieurs rivières sources indépendantes, avec un barrage dans chaque rivière source, plusieurs systèmes de circuit hydraulique vers une seule rivière destinataire; et un barrage avec un réservoir dans la rivière réceptrice;

- **Option 3A** : Un barrage dans une seule rivière source et plusieurs systèmes de transport d'eau vers plusieurs rivières réceptrices;

- **Option 3B** : Plus d'un barrage dans une seule rivière source dont le barrage en amont a un réservoir, et plusieurs systèmes de transport d'eau vers plusieurs rivières réceptrices;

- **Option 3C** : Un barrage dans une seule rivière source, plusieurs systèmes de circuit hydraulique vers plusieurs rivières réceptrices, et un barrage avec un réservoir dans chaque rivière réceptrice;

- **Option 4A** : Plusieurs rivières sources et rivières relais, avec un barrage dans chaque rivière source/relais et plusieurs systèmes de circuit hydraulique de la rivière source vers une seule rivière réceptrice par le biais des rivières relais;

- **Option 4B** : Plusieurs rivières sources et rivières relais, avec plus d'un barrage dans la rivière source, dont le barrage amont est doté d'un réservoir et plusieurs systèmes de circuit hydraulique à partir de la rivière source vers une seule rivière réceptrice par le biais de rivières relais;

- **Option 4C** : Plusieurs rivières sources et rivières relais, avec un barrage dans chaque rivière source/relais, plusieurs systèmes de circuit hydraulique à partir de la rivière source vers une seule rivière réceptrice par le biais des rivières relais et un seul barrage avec un réservoir dans la rivière réceptrice.

- **Sub-option C:** Each recipient river has a single dam with a reservoir. Each source river has a single dam for water diversion. This would be adopted when no suitable dam sites are available in source rivers or a reservoir in the recipient river is more advantageous than that in the source river.

Combining the above four options and three sub-options, a total of 12 layout options are composed as below.

- **Option 1A**: One dam with a reservoir in a single source river; and a single water conveyance system to a single recipient river;

- **Option 1B**: More than one dam in a single source river, of which the upstream dam has a reservoir; and a single water conveyance system to a single recipient river;

- **Option 1C**: One dam in a single source river; a single water conveyance system to a single recipient river; and one dam with a reservoir in the recipient river;

- **Option 2A**: Multiple independent source rivers, where one dam in each source river; and multiple water conveyance systems to a single recipient river;

- **Option 2B**: Multiple independent source rivers, where more than one dam in each source river, of which the upstream dam has a reservoir; and multiple water conveyance systems to a single recipient river;

- **Option 2C**: Multiple independent source rivers, where one dam in each source river; multiple water conveyance systems to a single recipient river; and one dam with a reservoir in the recipient river;

- **Option 3A**: One dam in a single source river; and multiple water conveyance systems to multiple recipient rivers;

- **Option 3B**: More than one dam in a single source river, of which the upstream dam has a reservoir; and multiple water conveyance systems to multiple recipient rivers;

- **Option 3C**: One dam in a single source river; multiple water conveyance systems to multiple recipient rivers; and one dam with a reservoir in each recipient river

- **Option 4A**: Multiple source and relay rivers, where one dam in each source/relay river; and multiple water conveyance systems from the source river to a single recipient river via relay rivers;

- **Option 4B**: Multiple source and relay rivers, where more than one dam in the source river, of which the upstream dam has a reservoir; and multiple water conveyance systems from the source river to a single recipient river via relay rivers;

- **Option 4C**: Multiple source and relay rivers, where one dam in each source/relay river; multiple water conveyance systems from the source river to a single recipient river via relay rivers; and one dam with a reservoir in the recipient river.

4. EVALUATION DES IMPACTS ENVIRONNEMENTAUX ET SOCIAUX

4.1. ECOSYSTÈMES FLUVIAUX

4.1.1. Généralités

Les systèmes de transfert d'eau interbassins dérivent les eaux des bassins sources vers les bassins récepteurs par l'intermédiaire des installations des circuits hydrauliques. Les transferts d'eau entre bassins associés à des barrages utilisent en général des débits relativement uniformes qui sont régulés par des retenues existantes dans les bassins des rivières sources. Les dispositifs de transfert d'eau peuvent être classés en trois types : l'eau à écoulement libre par gravité, l'eau en charge par pompage et la combinaison des deux, dans laquelle des installations comme des canaux ouverts, des tunnels, des canalisations, des stations de pompage et des bassins de régulation seraient utilisés.

Les changements des régimes d'écoulement et de la qualité de l'eau dus aux transferts d'eau peuvent affecter les écosystèmes des rivières sources et réceptrices. Ce qui suit est principalement axé sur les effets négatifs éventuels des systèmes de transfert d'eau interbassins à utiliser comme référence lors de la planification et de la mise en œuvre du projet afin d'en atténuer les impacts.

4.1.2. Impacts sur les bassins sources

Les barrages et les transferts d'eau modifient le régime d'écoulement naturel des bassins hydrauliques sources. Les débits contrôlés et régulés par des barrages et réduits par la dérivation des eaux peuvent avoir des impacts sur les écosystèmes aquatiques qui sont maintenus grâce à l'écoulement naturel des rivières.

La diminution des inondations naturelles entraîne une variation de la productivité naturelle dans les régions riveraines, les plaines inondables et les deltas, étant donné que de nombreuses espèces végétales de ces zones riveraines dépendent des plaines inondables peu profondes rechargées lors des inondations régulières.

La période, la durée et la fréquence des inondations sont essentielles pour les populations vivant le long des rivières en aval. Les petites crues peuvent déclencher la migration des poissons et des invertébrés, alors que les grandes crues contribuent à l'affouillement des sédiments, ce qui entraîne la création et le maintien des habitats. Les habitats des plaines inondables et des eaux de ruissellement sont essentiels pour maintenir des zones de frai convenables. La réduction des inondations entraîne des effets négatifs sur la biodiversité et la ressource en poissons, ce qui peut conduire à l'extinction de certaines espèces et à une baisse considérable des prises de poissons.

Dans beaucoup de régions d'Afrique, les moyens de subsistance des personnes dépendent essentiellement de l'agriculture des plaines d'inondation en utilisant le sol fertilisé suite aux inondations. Une diminution des crues peut graduellement dégrader le sol des plaines inondables et nuire à la productivité agricole.

Des liens biologiques existent le long des rives parallèlement au cours d'eau, où la faune utilise l'eau pour boire, déféquer et se nourrir. Ces espèces fauniques des bandes de terre situées de part et d'autre du cours d'eau peuvent être affectées lorsque les débits sont réduits en raison des transferts d'eau vers d'autres bassins versants.

4. ASSESSMENT OF ENVIRONMENTAL AND SOCIAL IMPACTS

4.1. RIVER ECOSYSTEMS

4.1.1. General

Inter-basin water transfer (IBWT) schemes divert river water from source basins to recipient basins through water conveyance facilities. The IBWTs associated with dams in general utilize relatively uniform river flows that are regulated by water reservoirs, built at source river basins. Water transfer methods can be classified into three types: free water flows by gravity, pressurized flows by pumping, and combination of free and pressurized flows, in which facilities such as open channels, tunnels, pipelines, pumping stations, regulating ponds would be employed.

Changes in flow regimes and water quality due to water transfers may affect ecosystems in both source and recipient rivers. The following mainly focuses on possible adverse impacts of IBWT schemes to be utilized as references during project planning and implementation to mitigate the impacts.

4.1.2. Impacts on Source Basins

Dams and water transfers alter the natural flow regime of source river basins. Stream flows controlled and averaged by dams and reduced through water diversion may have impacts on aquatic ecosystems that are maintained under the natural runoff of rivers.

Decreased natural floods result in variation of natural productivity in riparian areas, floodplains and deltas, since numerous species of riparian plants depend on shallow floodplains recharged by regular flood events.

Timing, duration and frequency of floods are critical for inhabitants along the downstream reaches. Small floods may trigger migration of fish and invertebrates, while large flood events contribute to scouring of sediments, which result in creation and maintenance of their habitats. Floodplains and backwater habitats are essential to sustain suitable spawning areas. Reduced floods cause negative effect on biodiversity and productivity of fish, which may lead to extinction of some species and considerable reduction of fish catch.

In many regions of Africa, livelihood of people essentially depends on floodplain agriculture that utilizes fertile soil after flood events. Decreased floods may gradually degrade soil in floodplains and adversely affect agricultural productivity.

Biological linkages extend along lateral belts in parallel with the river, where wildlife use water for drinking, evacuating and feeding. Such wildlife species in these strips of land on either side of the river may be affected when stream flows are reduced due to water transfers to other river basins.

Une réduction des débits et des crues peut également modifier l'environnement naturel à l'embouchure du fleuve, comme la diminution de l'eau douce et des éléments nutritifs, l'intrusion d'eau de mer vers l'amont et l'augmentation de la salinité. Comme de nombreux poissons marins fraient dans les estuaires et les deltas, l'élevage des poissons peut être entravé. Une diminution des nutriments peut entraîner une dégradation de la ressource biologique et la diminution de la capture de poissons dans la zone côtière attenante.

La création de réservoirs peut entraîner une altération de la température et de la qualité de l'eau comme la concentration en oxygène, la turbidité et les nutriments. La température de l'eau de la rivière peut diminuer considérablement à cause des eaux froides rejetées par le fond du réservoir, ce qui a une incidence sur les poissons et la production agricole. L'augmentation des nutriments peut accélérer la croissance des algues à l'intérieur et en aval du réservoir. Lorsque des algues se propagent dans le réservoir et qu'elles sont associées à l'apport excessif d'azote et de phosphore, il peut y avoir eutrophisation à cause de l'augmentation des matières organiques et de la DCO de l'eau du réservoir. L'eutrophisation du réservoir provoque la dégradation de la qualité des eaux en aval, ce qui peut affecter la vie des poissons et la pêche le long de la rivière. Les eaux dégradées en aval utilisées pour l'irrigation peuvent également avoir un impact sur les produits agricoles.

Des débits réduits peuvent également modifier les conditions des eaux souterraines dans le bassin en aval, ce qui entraîne des déficiences telles que la baisse du niveau d'eau ou l'assèchement des puits.

4.1.3. Impacts sur les bassins récepteurs

Les écosystèmes des bassins versants qui reçoivent des eaux provenant de bassins sources sont altérés par les changements des régimes de débit, de la température et de la qualité de l'eau. Si les eaux détournées sont polluées par les eaux usées industrielles et domestiques ou si elles sont dégradées par l'eutrophisation des réservoirs et les métaux lourds dissous, les bassins récepteurs peuvent subir des dommages environnementaux fatals.

Le nouveau biote provenant des bassins hydrographiques sources peut envahir les bassins récepteurs, mettant ainsi en danger la survie des ressources biotiques autochtones. Ces espèces non autochtones excluent souvent les espèces autochtones, provoquant des dégradations drastiques des milieux naturels qui ne sont plus en mesure de soutenir les biosystèmes antérieurs. Cela peut nuire à la vie aquatique lorsqu'elle est infectée par des parasites, des bactéries et des virus non autochtones transférés depuis les bassins sources.

Si le volume d'eau transféré est nettement plus important que les débits dans les bassins récepteurs, les espèces rares ou les organismes génétiquement différents peuvent être sérieusement affectés. Cela peut entraîner l'extinction de ces espèces rares et la réduction d'organismes utiles pour l'homme. La réforme des écosystèmes peut induire la propagation d'organismes nuisibles à la santé humaine, à l'agriculture et à la pêche, ainsi que l'augmentation de parasites grâce à l'extinction de leurs ennemis naturels.

Il peut y avoir une montée du niveau des nappes souterraines en raison de l'augmentation des écoulements souterrains liée à celle du débit de surface. Lorsque les nappes phréatiques atteignent le niveau du sol, la salinisation du sol peut se produire en raison de la concentration de sel dissous après l'évaporation de l'eau près de la surface. Les eaux de surface peuvent déplacer le sel latéralement entraînant la propagation de la salinisation dans les régions voisines. Cela peut considérablement entraver la productivité agricole et les écosystèmes. La salinisation peut également avoir lieu dans les terres agricoles irriguées qui utilisent de l'eau transférée, et ce à cause d'un mauvais système de drainage.

Reduced flows and floods may also alter the natural environment at the river mouth such as decrease in freshwater and nutrients, seawater intrusion upstream, and increase in salinity. Since many marine fish spawns in estuaries and deltas, breeding of the fish may be hindered. Reduced nutrients may cause degradation of biological productivity and the decline of fish catch around the coastal area.

Creation of reservoirs may cause alterations of water temperature and quality such as oxygen concentration, turbidity and nutrients. The river water temperature may dramatically decrease due to cold water released from the bottom of the reservoir, which impacts on fish and agricultural production. Increased nutrients may accelerate algal growth in the reservoir and its downstream reaches. When algae spread over the reservoir associated with inflow of excessive nitrogen and phosphorus, eutrophication may occur due to increase in organic matters and COD in the reservoir water. The reservoir eutrophication causes the degradation of the downstream water quality, which may affect fish life and fishery along the river. The degraded downstream water used for irrigation may also impact on agricultural produce.

Reduced stream flows may alter groundwater conditions in the downstream basin, in which deficiencies such as water level lowering or drying-up of wells occur.

4.1.3. Impacts on Recipient Basins

Ecosystems in river basins that receive water from source basins are altered due to changes in flow regimes, water temperature and water quality. If the diverted water is polluted with industrial and municipal wastewater, or is degraded due to reservoir eutrophication and dissolved heavy metals, the recipient basins may sustain fatal environmental damages.

New biota from water source basins may invade recipient basins, endangering survival of native biota. These non-native species often exclude the natives, causing drastic variation in natural environments that are no longer able to support the previous biosystems. Aquatic lives may be damaged when they are infected with non-native parasites, bacteria and viruses that are transferred from the source basins.

If transferred water volume is considerably larger than the stream flows in recipient basins, rare species or genetically different organisms may be seriously affected. This may bring about extinction of such rare species and reduction of useful organisms for humans. The reformation of ecosystems may induce the spread of organism harmful to human health, agriculture and fishery, and the increase in vermin through the extinction of their natural enemies.

Groundwater tables may rise due to incremental groundwater flows associated with increased stream flows. When groundwater tables reach the ground surfaces, soil salinization may occur due to the concentration of dissolved salt after water evaporation near the surface. Salt can move laterally through surface water, causing spread of salinization in the surrounding regions. This may substantially hinder agricultural productivity and ecosystems. Salinization may also take place in irrigated farmlands that use transferred water due to poor drainage systems.

4.1.4. Impacts le long des installations de transfert d'eau

Lorsque les circuits de transfert d'eau comprennent des tunnels dans des zones montagneuses, les venues d'eau souterraine vers le tunnel peuvent diminuer le niveau des nappes phréatiques au voisinage du tunnel. L'assèchement des puits qui en résulte peut nuire à l'utilisation de l'eau dans ces zones. Si les canaux sont utilisés en terrain plat, la montée des niveaux des eaux souterraines causée par les fuites d'eau des canaux peut induire une salinisation des sols.

Les canaux de par leur continuité perturbent souvent le déplacement en surface des animaux et affectent les milieux naturels. Dans le cas où une partie d'une rivière est utilisée comme canal pour le transfert d'eau, les terres le long de cette section de rivière sont exposées à des risques d'inondation plus élevés. Ceci est dû à la réduction de la capacité d'écoulement de ce tronçon de rivière, causée par les débits supplémentaires transférés.

4.1.5. Prévision des impacts et mesures d'atténuation

Il est actuellement difficile de prévoir les effets sur les écosystèmes aquatiques, les écosystèmes des plaines inondables et la biodiversité, causés par les barrages et les systèmes de transfert d'eau avec un degré de précision satisfaisant. Cela est dû au fait que les données et informations de référence fiables sont rarement disponibles, que les connaissances scientifiques et la recherche sur les interactions des écosystèmes sont insuffisantes et que la construction de modèles de simulation mathématique pour ces milieux naturels compliqués est souvent infructueuse. Dans le passé, les prévisions d'impact se limitaient souvent aux jugements basés sur l'expérience et l'inférence analogique.

Les mesures visant à atténuer les effets ont obtenu un succès limité. Il n'existe en effet aucune mesure d'atténuation définitive et efficace contre les impacts les plus importants, comme la modification des régimes d'écoulement dans les bassins hydrologiques source et récepteur, et l'invasion d'espèces non autochtones dans le bassin récepteur, où la réduction des eaux transférées vers les bassins récepteurs et l'augmentation des débits sanitaires pour les bassins sources peut être une mesure efficace. Cela se répercute par conséquent sur les avantages du projet et sa viabilité économique. Les mesures d'atténuation possibles contre la température et la qualité des eaux transférées comprennent le déversement des eaux de la couche superficielle du réservoir, en évitant l'eau froide des couches inférieures et le traitement des eaux usées provenant de la pollution et de l'émission d'azote et de phosphore dans le réservoir. Pour atténuer les impacts sur les nappes phréatiques, les mesures concevables sont la prévention des fuites d'eau provenant des canaux par le revêtement de surface et la mise en place d'une autre source d'approvisionnement en eau pour l'assèchement des puits. Par ailleurs, la compensation des ressources perdues peut par exemple être envisagée par la construction d'écloseries de poissons pour remplacer les frayères perdues.

Pour évaluer les impacts prévisibles et la validité des mesures d'atténuation, la surveillance périodique de l'environnement doit être continue. Les éléments de surveillance caractéristiques sont les débits, la qualité et la température de l'eau, les espèces aquatiques, les parasites, les bactéries, les virus, le niveau des nappes phréatiques, la salinité du sol, etc.

4.2. EROSION ET SÉDIMENTATION

4.2.1. Généralités

Les transferts d'eau interbassins associés à des barrages peuvent affecter la stabilité des lits des rivières et des berges. Des régimes d'écoulement variables en raison de la dérivation des eaux peuvent provoquer l'érosion et la sédimentation et modifier la morphologie des lits des rivières tant dans les bassins sources que dans les bassins récepteurs. Voici une description axée sur les effets néfastes des systèmes de transfert d'eau interbassins à utiliser comme référence pour une meilleure planification.

4.1.4. Impacts along Water Transfer Facilities

When water transfer facilities include tunnels in mountainous areas, groundwater inflows toward the tunnel can lower groundwater tables in the vicinity along the tunnel. The resulting drying-up of wells may adversely affect water utilization in these regions. If canals are used in flat lands, the rise of groundwater levels caused by water leakage from the canals may induce soil salinization.

Continuous canals often disrupt migration of terrestrial animals and affect natural environments. In the case where part of a river is used as a water transfer channel, lands along this river section are subjected to higher risks of flooding. This is due to the reduction of flow capacity of the river section caused by the transferred supplemental flows.

4.1.5. Prediction of Impacts and Mitigation Measures

Predicting impacts on aquatic ecosystems, floodplain ecosystems and biodiversity caused by dam and water transfer schemes with satisfactory accuracy is difficult at present. This is because reliable baseline data and information are often not available, scientific knowledge and researches on the interactions of ecosystems are insufficient and constructing mathematical simulation models for such complicated natural systems is often unsuccessful. Therefore, past impact predictions were often limited to judgments based on experience and analogical inference.

Measures to mitigate the impacts have achieved limited success. No definite and efficient mitigation measures are available against the most essential impacts, such as altered flow regimes in both source and recipient river basins, and invading non-native species in the recipient basin, where reducing the transferred water to recipient basins and increasing environmental flows for source basins can be one of effective measures. This, thus, affects project benefits and economic viability. Possible mitigation measures against temperature and the quality of transferred water include discharging from the surface layer of water in the reservoir, avoiding cold water in its lower layers, and the treatment of waste waters from pollution sources and emission sources of nitrogen and phosphorus, within the reservoir catchment. For mitigating impacts on groundwater, conceivable measures are the prevention of water leakage from canals by surface lining and provision of alternative water supply for the drying-up wells. Moreover, compensation for lost resources can be considered, for example, construction of fish hatcheries for lost fish spawning areas.

In order to evaluate the predicted impacts and the validity of mitigation measures, periodic environmental monitoring should be continuous. Typical monitoring items are river flows, water quality and temperature, aquatic species, parasites, bacteria, viruses, groundwater levels, soil salinities, etc.

4.2. EROSION AND SEDIMENTATION

4.2.1. General

The IBWTs associated with dams may affect the stability of riverbeds and banks. Varied flow regimes due to water diversions may cause erosion and sedimentation and alter the river channel morphology of both the source basins and recipient basins. The following mainly describes adverse impacts of IBWT schemes to be utilized as references for better planning.

4.2.2. Impacts sur les bassins sources

Les impacts sur les bassins sources sont également applicables aux projets de barrages individuels, qui n'impliquent pas de transfert d'eau. Les barrages perturbent la continuité du transport des sédiments et des nutriments dans les rivières. Tous les charriages et une partie des matériaux en suspension se déposent et forment des deltas à l'extrémité amont des réservoirs. L'eau du barrage contenant peu de sédiments et étant relâchée avec une grande énergie hydraulique, le cours d'eau en aval est soumis à l'érosion ou à l'épuration. Cela entraîne la dégradation du lit de la rivière jusqu'à ce qu'un nouvel équilibre soit atteint.

La dégradation du lit de la rivière peut entraîner la disparition ou la réduction de la végétation sur les rives et dans les marigots, qui fournit des habitats et des aliments pour les espèces aquatiques et les oiseaux d'eau autochtones. L'affouillement modifie la granulométrie des sédiments du lit de la rivière. Des blocs, des galets et des graviers grossiers restent le long du lit de la rivière alors que le sable et les graviers fins sont charriés, ce qui réduit les frayères et les zones d'incubation pour les poissons. Les changements de la turbidité de l'eau des rivières peuvent avoir des impacts sur le biote. Lorsque la turbidité est réduite en raison du remplissage des réservoirs, le plancton peut augmenter dans le réservoir et les tronçons en aval de la rivière.

Le piégeage des sédiments dans les réservoirs et la réduction du transport des sédiments du fait de la diminution des crues et des écoulements dans les rivières peuvent diminuer l'approvisionnement en sédiments à l'embouchure du fleuve et provoquer la disparition des plages, le recul des littoraux et l'érosion côtière sous l'effet des vagues. La dégradation des deltas côtiers riches et utiles peut s'accélérer, ce qui affecte les écosystèmes et la pêche autour des estuaires.

La dégradation du lit des rivières et le déboisement local risquent de mettre en péril les fondations des ponts et des ouvrages enfouis de franchissement des cours d'eau. Les niveaux d'eau abaissés le long de la rivière peuvent empêcher de dériver leur eau vers les prises d'irrigation.

Des barres de sédiments peuvent se développer près des confluences en raison de la diminution des forces d'entrainement en fonction de la réduction des débits des rivières. La capacité réduite du lit de la rivière due aux barres de sédiments peut provoquer des inondations dans les zones voisines.

4.2.3. Impacts sur les bassins récepteurs

Les débits des rivières dans les bassins récepteurs sont augmentés par les transferts d'eau relativement propre, avec notamment de petits sédiments provenant des bassins sources. Cela peut provoquer l'érosion et la dégradation des lits de la rivière réceptrice. La dégradation du lit des cours d'eau peut affecter la stabilité des ouvrages dans la rivière ainsi que la végétation et les écosystèmes aquatiques, comme dans les bassins sources.

4.2.4. Impacts le long des circuits de transfert d'eau

L'eau transférée des réservoirs dans les bassins sources qui contiennent peu de sédiments peut provoquer l'érosion du fond et l'instabilité des berges le long des lits. Lorsque l'eau transférée contient beaucoup de matériaux en suspension, le fond du lit peut s'élever à cause du dépôt de sédiments, ce qui conduit à la réduction de la capacité d'écoulement du lit de la rivière.

4.2.2. Impacts on Source Basins

The impacts on source basins are also applicable for individual dam projects, which do not involve water transfer. Dams disrupt the continuity of sediment and nutrient transport in rivers. All bed loads and part of suspended loads deposit and form deltas at the upstream end of reservoirs. Since water from the dam contains little sediments and is released through large hydraulic energy, its river downstream is subjected to erosion or scouring. This causes degradation of the riverbed until new equilibrium is achieved.

The degraded river channel may lead to the disappearance or reduction of shores/backwaters and riparian vegetation that provide habitats and foods for native aquatic species and waterfowls. Scouring changes, the particle size of the riverbed sediments. Boulders, cobbles and coarse gravels remain along the riverbed through the transported sand and fine gravels, which reduces suitable spawning and incubating areas for fish. Changes in river water turbidity may have impacts on biota. When turbidity is reduced due to reservoir impoundment, plankton may increase in the reservoir and the downstream river sections.

Sediment trapping at reservoirs, and reduced sediment transport due to decreases in floods and stream flows in the rivers may diminish sediment supply to the river mouth causing extinction of beaches, backward movement of coastlines, and expansion of coastal erosion through waves. The degradation of valuable and rich coastal deltas may be accelerated, which affect ecosystems and fishery around the estuaries.

The riverbed degradation and local scouring may endanger bridge foundations and buried river crossing structures. The lowered water surfaces along the river may disable diverting its water into irrigation intakes.

Sediment bars can develop near tributary confluences owing to the decreased tractive forces according to reduced river flows. The reduced capacity of the river channel due to sediment bars may induce flooding over the surrounding areas.

4.2.3. Impacts on Recipient Basins

River flows in recipient basins are increased due to the transfers of comparatively clean water including little sediments from source basins. This may cause erosion and degradation of riverbeds of the recipient river channels. The riverbed degradation may impact on the stability of structures in the river and vegetation and aquatic ecosystems, similar to those in the source basins.

4.2.4. Impacts along Water Transfer Facilities

Water transferred from reservoirs in source basins that contain little sediments may cause bottom erosion and bank instability along its channels. When the transferred water contains much suspended loads, the channel floor may rise due to sediment deposition, which leads to the reduction of the channel's flow capacity.

4.2.5. Prévision des impacts et mesures d'atténuation

La prévision et l'évaluation des impacts sur les bassins source et récepteur en raison de la sédimentation et de l'érosion doivent être effectuées avant la mise en œuvre des transferts d'eau interbassins. Certains modèles informatiques d'analyses numériques de l'hydraulique fluviale et du transport des sédiments peuvent être utilisés pour simuler la morphologie de la rivière et les variations de son lit.

Les mesures visant à atténuer les effets du piégeage des sédiments dans les réservoirs comprennent les méthodes énumérées ci-après :

- Le piégeage des sédiments dans le cadre de l'exploitation des barrages et le reboisement du bassin versant de la retenue;
- Le détournement des sédiments entrants vers l'aval lors de l'écoulement des crues par des canaux/tunnels qui contournent le réservoir;
- Le passage des sédiments entrants à travers les retenues, en libérant l'eau des crues par les déversoirs;
- Le lavage des sédiments accumulés dans le réservoir avec l'eau stockée et celle de l'eau d'inondation au droit des vidanges de fond;
- Le dragage des sédiments accumulés dans le réservoir par des moyens mécaniques.

Le rejet de sédiments en aval peut causer une turbidité à long terme des eaux de la rivière, ce qui peut avoir des effets néfastes sur l'usage de l'eau, les écosystèmes fluviaux et les loisirs. L'élimination des matériaux de dragage constituerait un problème sérieux à examiner.

Les mesures d'atténuation des impacts de la dégradation des lits de rivière sont généralement limitées aux endroits où des problèmes importants sont attendus. Les mesures habituelles comprennent le renforcement des lits des rivières (bords inférieurs et protections du fond du lit) et des revêtements (végétation, gabions, empierrement et épis).

Les mesures destinées à atténuer les impacts de l'érosion des estuaires et des côtes comprennent des blocs et des dispositifs de dissipation des vagues, des brise-lames, des épis et le rechargement des plages.

Étant donné que les impacts environnementaux dus à l'érosion et à la sédimentation se développent graduellement, il est nécessaire de disposer de systèmes de surveillance à long terme. Les éléments à observer sont les sédiments des réservoirs, les transports de sédiments le long de la rivière, les variations du lit de la rivière, la taille des particules des matériaux du lit de la rivière, la topographie des estuaires et des côtes, etc.

4.3. RÉINSTALLATION DES POPULATIONS LOCALES ET PERTE DES MOYENS DE SUBSISTANCE

4.3.1. Généralités

La construction de barrages et d'installations de transfert d'eau peut entraîner des déplacements de populations dans les zones concernées. Cela peut aussi provoquer la perte de moyens de subsistance ainsi que le stress physique des personnes touchées par la réinstallation. Les répercussions négatives suivantes sont fréquentes non seulement pour les programmes de transfert d'eau interbassins, mais aussi pour tout développement à grande échelle. Ils sont décrits ici comme référence pour la planification et la mise en œuvre.

4.2.5. Prediction of Impacts and Mitigation Measures

The prediction and evaluation of impacts on source and recipient basins due to sedimentation and erosion should be carried out prior to implementation of IBWTs. Some computer models for the numerical analyses of river hydraulics and sediment transport can be used to simulate river morphology and riverbed variations.

Measures for mitigating the impacts of sediment trapping in reservoirs include the methods listed below

- Trapping sediments making use of check dams and natural screens with afforestation in the watershed of the reservoir;
- Diverting incoming sediments downstream with flood flows through channels/tunnels that bypass the reservoir;
- Passing of incoming sediments through reservoirs, by releasing flood water from outlets;
- Flushing accumulated sediments from the reservoir with stored water and flood water from bottom outlets; and
- Dredging of accumulated sediments in the reservoir by mechanical means.

Releasing sediments downstream may cause long term high turbidity in the river water that may have adverse impacts on water utilizations, river ecosystems and recreations. Disposal of the dredged materials would be a serious concern to be addressed.

Mitigation measures against the impacts of riverbed degradation are generally limited to places where significant problems are expected to occur. The typical measures include strengthening of riverbeds (ground sills and riverbed protections) and revetments (vegetation, gabions, ripraps and groins).

Measures for mitigating the impacts of erosion of estuaries and coasts are wave dissipation blocks and revetments, breakwaters, groins and beach nourishment.

Since the environmental impacts due to erosion and sediments develop gradually, arrangement of long-term monitoring systems is required. Necessary items to observe are reservoir sediments, sediment transports along the river, riverbed variations, particle size of riverbed materials, estuary and coastal topography, etc.

4.3. RESETTLEMENT OF LOCAL POPULATION AND LOSS OF LIVELIHOODS

4.3.1. General

Construction of dams and water transfer facilities may cause displacements of inhabitants within the proposed areas. This may result in loss of livelihoods as well as physical stress of people affected by resettlement. The following adverse impacts are common not only for IBWT schemes, but also for any large-scale development. However, they are described as references for planning and implementation.

L'altération de la morphologie des rivières, de la qualité de l'eau et des écosystèmes associés dans les cours d'eau en aval des barrages et des bassins récepteurs affecte les ressources utilisables des bassins hydrauliques et les activités de production des riverains. Cela peut entraîner la perte des moyens de subsistance traditionnels, notamment l'agriculture, la pêche, le pâturage du bétail, la collecte du bois de chauffe et la cueillette des produits de la forêt.

L'effet dans le temps des impacts sociaux dépend de leur cause. Les impacts sont directs et immédiats pour les personnes qui perdent leurs maisons et leurs moyens de subsistance en raison de leur déplacement, tandis que les impacts sur les moyens de subsistance dans la zone en aval et les bassins récepteurs peuvent se produire progressivement après l'achèvement des travaux de construction et leur future expansion.

4.3.2. Réinstallation

Les programmes de réinstallation sont souvent principalement axés sur la réinstallation physique des personnes déplacées plutôt que sur leur développement économique et social. Un risque économique essentiel auquel les personnes touchées sont confrontées, est la perte de ressources communes qui sont étroitement liées aux moyens de subsistance et aux revenus. Les ressources comprennent les terres cultivées, les forêts, les pâturages, les eaux souterraines, les eaux de surface, les pêches, etc. L'effondrement de ces modes de subsistance complexes peut induire un déclin du niveau de vie, l'insécurité alimentaire et la malnutrition. La hausse des maladies liées à une mauvaise qualité de l'eau potable peut aggraver les taux de morbidité et de mortalité. Les déplacements forcés peuvent détériorer les structures sociales et culturelles traditionnelles, ce qui conduit à la perturbation des communautés. L'exclusion des personnes réinstallées des réseaux économiques et sociaux existants peut entraîner une pauvreté généralisée.

Le nombre de personnes touchées a parfois été sous-estimé au cours de la phase de planification du projet, en raison de l'absence d'enquêtes d'impact social fiables et de la définition limitée et inadéquate des personnes touchées. Les groupes qui souffrent généralement leur déplacement, incluent ceux qui sont dépourvus de terres ou de titre foncier, ainsi que les populations autochtones. C'est parce que seules les personnes qui ont un titre foncier ont droit à une indemnisation que les autochtones et les pauvres ne sont pas pris en considération.

L'indemnisation des personnes touchées soumises à la réinstallation est souvent effectuée par paiement ponctuel sous forme d'espèces, de terrains, de logements ou d'autres biens. Des retards dans les paiements, dans l'attribution des titres fonciers et de logement et dans la fourniture de services d'aide ont parfois eu lieu. Certains sites de réinstallation ont souvent été localisés dans des zones où les ressources naturelles sont faibles et les milieux sont dégradés n'équivalant même pas aux terres d'origine. La fourniture de terres cultivables, de services publics de base et d'infrastructures est souvent insuffisante. L'apparition de ces problèmes peut donner lieu à de graves situations comme par exemple l'abandon des sites de réinstallation.

Une faible participation des personnes concernées aux étapes de planification et de mise en œuvre des projets pose également problème.

4.3.3. Impacts sur les moyens de subsistance des populations autres que celles réinstallées

Les répercussions sociales résultant de la mise en œuvre des transferts d'eau interbassins s'étendent aux bassins en aval des barrages et des bassins récepteurs. De nombreux impacts se produisent progressivement au fil du temps.

Alteration of river morphology, water quality and riverine ecosystems in the downstream reaches of dams and water recipient basins affects the usable resources of the river basins and the productive activities of riparian people. This may cause loss of the traditional means of livelihoods that include agriculture, fishery, livestock grazing, fuel wood gathering and collecting forest products.

The timing of the social impacts depends on their cause. The impacts are direct and immediate for the people who lose homes and livelihoods due to displacement, while the impacts on livelihoods in the downstream and recipient basins may occur gradually after the completion of construction and future expansion.

4.3.2. Resettlement

Resettlement programs often focus predominantly on the physical relocation of people subject to displacement rather than their economic and social development. An essential economical risk with which the affected people are faced is loss of common resources that closely relate to livelihoods and incomes. The resources include cultivated lands, forests, pastures, groundwater, surface water, fisheries, etc. The breakdown of such complex livelihood systems can induce declined living standards, lack of food security, and malnutrition. Increase in diseases associated with poor drinking water quality may worsen morbidity and mortality rates. Forced displacement may deteriorate traditional social and cultural structures leading to disruption of communities. Such exclusion of the relocated residents from the existing economic and social networks may result in widespread poverty.

The numbers of affected people have sometimes been under-estimated during project planning stage, due to insufficient reliable social impact surveys, and limited and inadequate definition of affected people. The groups who usually suffer due to displacement include those without land or legal title, and the indigenous people. This is because only people who have legal title are entitled for compensation, leaving no considerations to the indigenous or poor people.

Compensation of affected people subjected to resettlement is often made as a one-time payment in the form of cash, land, housing or other properties. Delays in payments, land and housing titles and provision of lifelines and services have sometimes occurred. Selected resettlement sites have often been located in areas that have poor natural resources and degraded environments, and which are not equivalent or better than their original lands. The provision of cultivable lands, basic public services and infrastructure facilities is frequently insufficient. Occurrences of these problems may lead to a serious situation such as abandonment of the resettlement sites.

Little participation of affected people in the planning and implementation stages of the projects is also an essential issue.

4.3.3. Impacts on Livelihoods for People other than Resettled People

Social impacts resulting from the implementation of IBWTs spread over downstream basins of dams and water recipient basins. Many impacts occur gradually in time.

La modification des régimes d'écoulement et la réduction des crues naturelles ont des répercussions sur l'agriculture de la plaine inondable, le pâturage du bétail et la cueillette des produits de la forêt, ce qui peut perturber l'économie des bassins hydrographiques et entraîner l'instabilité des moyens de subsistance. Cela conduit parfois au départ des personnes touchées vers les zones urbaines et à la dépendance à l'égard d'un salaire informel qui peut faire basculer ces personnes dans la pauvreté.

Les productions halieutiques peuvent être affectées, car l'altération des régimes d'écoulement et de la qualité de l'eau provoque une variation de l'ichtyofaune, une réduction des frayères et des zones d'incubation et des difficultés de migration. La pêche et l'agriculture sont des activités populaires de subsistance et des sources de revenus dans les zones rurales. Les poissons sont riches en protéines à faible coût.

Les populations touchées dans les bassins aval et les bassins récepteurs ont généralement peu de compétences sur le plan social, économique et politique pour réclamer des mesures d'atténuation et des dédommagements.

4.3.4. Populations autochtones et tribales

Le déplacement et la perte de moyens de subsistance liés aux barrages et aux transferts d'eau peuvent avoir des répercussions sur la vie, les cultures et l'identité des populations autochtones et tribales. Les droits des populations locales sont souvent insuffisamment définis dans les cadres juridiques nationaux et ne sont pas efficacement protégés. En outre, les inégalités structurelles et la discrimination raciale subsistent dans la société. La planification et la mise en œuvre du projet ne prennent pas suffisamment en compte les besoins spécifiques et les vulnérabilités des populations locales. Toutefois, les lois internationales et nationales ont été récemment et sensiblement améliorées en ce qui concerne la reconnaissance des populations autochtones en tant que minorités sociales et la protection de leurs cultures et de leurs droits.

Pendant ce temps, les inégalités entre les sexes et les structures de pouvoir social se traduisent par des formes éminentes de préjugés à l'égard des femmes. Celles-ci ne sont souvent pas autorisées à posséder ou hériter de terres et de forêts, ce qui les soumet à des compensations injustes lorsqu'elles sont déplacées suite à la mise en œuvre du projet. Les hommes qui ont un sentiment d'impuissance en raison de la pauvreté recourent à l'alcoolisme et à la violence domestique à l'égard des femmes. L'augmentation des migrants pendant la construction et l'urbanisation qui s'en suit peuvent causer la propagation des maladies vénériennes et du VIH/SIDA parmi les femmes. En conclusion, les femmes subissent des effets négatifs disproportionnés à cause des déplacements et de la perte des moyens de subsistance. Cela est dû à un manque de considération accordé à l'égalité des sexes dans la mise en œuvre des projets.

4.3.5. Mesures d'atténuation

L'atténuation des effets du déplacement et de la perte de moyens de subsistance nécessite l'établissement d'un cadre légal pour soutenir les personnes touchées en tant que bénéficiaires du projet. Les efforts visant à parvenir à un consensus sur les dédommagements et les mesures d'atténuation sont nécessaires par le biais de dialogues qui impliquent les personnes touchées au cours de la phase initiale des projets. Le suivi de la vie des personnes concernées après l'achèvement des projets devrait être poursuivi afin que les mesures complémentaires et les aides nécessaires puissent être apportées.

Altered flow regimes and reduced natural floods have impacts on floodplain agriculture, livestock grazing and gathering forest products, which may cause the disruption of economy in the river basins and the instability of livelihoods. This sometimes leads to migration of the affected people to urban areas and dependence on informal wage which may push these people into poverty.

Fishery productions may be affected as the alteration in flow regimes and water quality causes varied ichthyofauna, reduced spawning and incubating areas, and difficulty in migration. Fishery and agriculture are popular livelihood activities and sources of income in the rural areas. Fish are rich sources of low-cost protein.

Affected people in the downstream and recipient basins usually have little social, economic and political powers to claim mitigation measures and compensations.

4.3.4. Indigenous Peoples and Gender

Displacement and loss of livelihoods associated with dams and water transfers may have impacts on the lives, cultures and identities of indigenous and tribal people. Rights of indigenous people are often insufficiently defined in national legal frameworks and have not been effectively protected. Moreover, structural inequality and racial discrimination still exist in the society. The project planning and implementation have poorly addressed fair treatments to ensure consideration of special needs and vulnerabilities of indigenous peoples. Recently, however, international and national laws have substantially been improved in terms of empowering recognition of indigenous people as social minorities, and protection to their cultures and rights.

Meanwhile, gender inequalities and social power structures are eminent forms of prejudice towards women. Women often not allowed owning or inheriting lands and forests, which subject them to unfair compensations when they are displaced during project implementation. Men who face powerlessness due to poverty resort to alcoholism and domestic violence affecting women. Increased immigrants during construction and resulting urbanization may cause spread of venereal diseases and HIV/AIDS among local women. In conclusion, women have disproportionately shared adverse effects due to displacement and loss of livelihoods. This is caused by lack of consideration on gender inequalities in implementing the projects.

4.3.5. Mitigation Measures

Mitigating impacts due to displacement and loss of livelihoods necessitates establishing frameworks that support affected people as project beneficiaries. Efforts to reach a consensus on compensations and mitigation measures are required through dialogues that involve the affected people during the initial stage of projects. Monitoring the lives of affected people after projects completion should be continued so that necessary supplemental measures and supports can be provided.

Un processus de réinstallation réussie est obtenu en minimisant les déplacements, en apportant des appuis législatifs, en fournissant des moyens de subsistance durables, en impliquant les communautés locales, sous la responsabilité de l'Etat et son engagement et de celles des promoteurs du projet, ainsi que d'autres conditions préalables. Les mesures typiques sont détaillées ci-dessous :

- Établir des cadres qui définissent légalement le processus de déplacement, énoncent les droits des personnes touchées, les responsabilités des autorités nationales et locales et les procédures de règlement des réclamations et des conflits;

- Déplacer l'ensemble de la population en tant que communauté locale en s'appuyant sur des études démographiques et socioculturelles approfondies pour éviter les perturbations sociales et culturelles;

- Réduire les déplacements en identifiant les lieux et les itinéraires les plus adaptés pour les installations du projet, en organisant des ateliers avec les promoteurs, les autorités et les communautés locales pendant la phase de planification du projet;

- Compenser les moyens de subsistance en combinant les activités liées ou non à l'exploitation des terres, en promouvant les industries et en renforçant les compétences demandées par l'économie régionale;

- Fournir des infrastructures dans les sites de réinstallation, notamment l'électricité, l'approvisionnement en eau, les écoles, les industries alimentaires, les services médicaux, les télécommunications et les transports;

- Définir les programmes de réinstallation et de compensation dans le cadre de négociations exhaustives et de dialogues avec les personnes touchées, les promoteurs de projets, les autorités, les communautés près des sites de réinstallation et les autres intervenants.

La perte des moyens de subsistance des populations affectées dans les bassins en aval et dans les bassins récepteurs n'a pas été bien évaluée et traitée. Ainsi, les mesures d'atténuation ont rarement été prises en considération. Les impacts se produisent peu à peu après l'achèvement du projet et les personnes affectées qui ne peuvent pas s'opposer à la mise en œuvre du projet finiront par exiger des mesures d'atténuation. La répartition des impacts sur des zones étendues comprenant un certain nombre de communautés est confronté à un manque d'unité et de volonté politique des personnes affectées. De ce fait, les mesures d'atténuation efficaces pour ces problèmes complexes et diffus restent limitées. Outre celles mentionnées au paragraphe 4.1, d'autres mesures peuvent inclure des indemnités financières, la fourniture de terres agricoles, le développement de la pêche dans les réservoirs, la promotion des industries pour assurer de nouveaux moyens de subsistance et la formation et l'orientation pour différentes possibilités d'emploi.

Les droits des populations autochtones ont été récemment protégés et leur autonomie a été largement reconnue. Le consentement préalable sur les projets de développement touchant ces personnes apparaît comme un facteur principal dans la planification et la mise en œuvre du projet.

La fourniture des avantages générés par les projets pour les femmes touchées peut contribuer à atténuer les inégalités entre les sexes. Lorsque les infrastructures et les services publics sont améliorés, la disponibilité d'eau et d'électricité pour les usages domestiques, y compris un accès facilité, réduit le temps consacré aux tâches ménagères par les femmes. Ainsi, l'élévation du niveau de vie des personnes concernées a des impacts positifs sur les questions de genre.

Successful resettlement process is achieved by minimizing displacement, rendering legislative supports, providing sustainable livelihoods, involving local communities, initiating accountability and commitment from government and project developers, and other preconditions. Typical measures are detailed below:

- Constructing frameworks that legally define displacement processes, which stipulate the rights of affected people, the responsibilities of national and local governments, and the procedures of settling claims and conflicts;

- Displacing people as a whole local community based on in-depth demographic and socio-cultural studies, to avoid social and cultural disruption;

- Minimizing displacement by identifying most suitable locations and routes of project facilities, through workshops with developers, governments and local communities during project planning stage;

- Compensating livelihoods by combining land and non-land-based activities, promoting industries, and building skills that are in demand in the regional economy;

- Providing infrastructures in resettlement sites including power, water supply, schools, food factories, medical services, telecommunication and transportation; and

- Determining resettlement and compensation programs within the framework of comprehensive negotiations and dialogues with affected people, project developers, governments, communities near resettlement sites, and other stakeholders.

Affected people in downstream and recipient basins due to loss of livelihoods have not been well assessed and addressed. Thus, mitigation measures have rarely been considered for them. Since impacts occur gradually after project completion, affected people who cannot resist the project implementation will eventually demand mitigation measures. The distribution of impacts over widespread areas consisting of a number of communities entails weakness in unity and difficulty in achieving political will among affected people. However, effective mitigation measures to such complex and dispersive problems remain limited. Apart from those mentioned in Section 4.1, other measures may include cash compensation, provision of alternative farmlands, fishery development in reservoirs, promotion of industries to ensure new livelihoods, and training and guidance for different job opportunities.

Recently, rights of indigenous peoples have been protected and their self-determination has been widely recognized. Prior consent on development projects affecting these people apparently becomes a standard factor in project planning and implementation.

Providing benefits generated by projects to affected women can contribute toward mitigating gender inequality issues. When infrastructures and public services are improved, availability of water and power for household uses including easy access, reduce time consumption on women's chores. Thus, success in raising the living standards of affected people has positive impacts on gender issues.

4.4. PATRIMOINE CULTUREL

La construction de barrages et d'installations de transfert d'eau, qui conduisent à l'inondation et la modification de vastes étendues de terre, peut avoir une incidence sur le patrimoine culturel. Les vallées fluviales cachent souvent des civilisations anciennes. La submersion par les retenues, les travaux de construction des ouvrages et des installations temporaires, et l'érosion des berges due aux changements des régimes d'écoulement et au transport des sédiments peuvent avoir des répercussions. Le patrimoine culturel peut comprendre des temples, des sanctuaires, des paysages sacrés, des vestiges, des architectures, des sites funéraires, etc. Il peut s'agir de ressources archéologiques précieuses, d'une partie importante de la vie culturelle des communautés régionales et de vestiges aborigènes.

Les répercussions sur l'architecture, les lieux de sépulture et les installations religieuses qui sont étroitement liées à la population locale doivent faire l'objet d'une enquête lors de la phase de planification des transferts d'eau interbassins. En revanche, les difficultés rencontrées dans les enquêtes sur le patrimoine culturel ou les ressources archéologiques enfouies profondément dans le sol conduisent à des résultats insuffisants pendant la mise en œuvre du projet. Les efforts visant à minimiser les pertes ou les dégradations irréparables des biens culturels doivent être pris en considération.

Lorsque des enquêtes révèlent l'existence d'un patrimoine culturel, des mesures d'atténuation comme la conservation, la réinstallation et la reconstruction des biens devraient être entreprises.

4.5. SANTÉ DES POPULATIONS

Les modifications de l'environnement dues à l'aménagement de barrages et de transferts d'eau peuvent nuire à la santé des populations locales vivant à proximité des bassins sources, des bassins récepteurs et près des installations de transfert d'eau.

La création de réservoirs dans les régions tropicales peut provoquer l'apparition de diverses maladies transmises par des vecteurs, comme le paludisme, la fièvre jaune, la filariose et la schistosomiase. Dans les zones tropicales, subtropicales et arides, l'eutrophisation des réservoirs résultant de l'afflux de nutriments renforcé par l'urbanisation et les développements agricoles/industriels dans le bassin versant peut entraîner la multiplication de cyanobactéries toxiques qui ont une répercussion sur la santé humaine par contamination de l'eau potable. L'accumulation de mercure dans les poissons est également un problème lié aux réservoirs. Le mercure contenu dans le sol sous forme inoffensive est transformé par des bactéries qui se nourrissent de biomasse en décomposition et donne du méthyl-mercure toxique. Cela provoque des dommages sur le système nerveux central des humains. Le méthyl-mercure concentré à travers les chaînes alimentaires peut affecter la santé humaine pendant longtemps, bien au-delà des premières générations. Ces vecteurs et substances toxiques présents dans les réservoirs peuvent être rejetés en aval des barrages et transportés vers d'autres bassins avec les eaux transférées, ce qui peut entraîner une expansion des zones affectées.

Des programmes de réinstallation inappropriés et des moyens de subsistance insuffisants peuvent entraîner des traumatismes psychologiques dus aux perturbations de la communauté. La famine et la malnutrition s'en suivent généralement à cause du manque de nourriture. Les infrastructures dangereuses et inadaptées dans les sites de réinstallation ont également des répercussions sur la santé humaine. Une autre préoccupation est la propagation du VIH/SIDA transmis par l'extérieur, à proximité des chantiers.

L'examen de cas réels survenus dans les régions environnantes, les pays voisins ou les zones climatiques similaires peut être utile pour prévoir les impacts sur la santé humaine. Les mesures d'atténuation doivent être étudiées en fonction des impacts prévus. Les mesures peuvent inclure la pulvérisation de désinfectants, la déforestation et le défrichage des réservoirs avant la mise en eau, le traitement des eaux usées, l'approvisionnement des zones de réinstallation en eau potable, la surveillance de la qualité de l'eau et la lutte antivectorielle, l'existence d'installations médicales régionales, les examens médicaux périodiques des personnes touchées et l'éducation sanitaire de la population.

4.4. CULTURAL HERITAGE

The construction of dams and water transfer facilities, which requires removal and modification of extensive land areas, may affect cultural heritage. River valleys often conceal ancient civilizations. Inundation by reservoirs, construction works for project structures and temporary facilities, and riverbank erosion due to changes in flow regimes and sediment transport can have impacts. Cultural heritage may include temples, shrines, sacred landscapes, remains, architectures, burial sites, etc. These may be archaeologically precious resources, part of significant cultural life in regional communities, and the remains of aborigines.

Impacts on architectures, burial sites and religious facilities that closely relate to the local people have to be investigated during the planning stage of IBWTs. On the other hand, difficulties in investigating cultural heritage or archaeological resources buried deep in the ground entail lack of sufficient findings during project implementation. Efforts to minimize irreparable losses or damages to cultural properties need to be considered.

When investigations reveal the existence of cultural heritage, mitigation measures such as conservation, relocation and reconstruction of the properties should be initiated.

4.5. HEALTH OF PEOPLE

Environmental alterations resulting from dam and water transfer developments can adversely affect the health of local people residing near source basins, recipient basins and the vicinity of water transfer facilities.

The creation of reservoirs in tropical regions may cause occurrence of various vector-related diseases like malaria, yellow fever, filariasis and schistosomiasis. In tropical, subtropical and arid zones, reservoir eutrophication resulting from nutrient influx enhanced by urbanization and agricultural/industrial developments in the catchment area can bring about multiplication of toxic cyano bacteria that affects human health through contamination of drinking water. Accumulation of mercury in fishes is also a problem associated with reservoirs. Mercury in soil in a harmless form is transformed by bacteria feeding on rotting biomass into toxic methylmercury. This causes damage to the central nervous system of humans. Concentrated methylmercury through food-chains can adversely affect human health for a long time, beyond generations. These vectors and toxic substances occurring in reservoirs may be released to the downstream areas of dams and conveyed to other river basins along with transferred water, which may result in expanding affected areas.

The health conditions of displaced people due to project construction often become worse. Inappropriate resettlement programs and insufficient livelihoods can lead to emotional wounds due to community disruption. Starvation and malnutrition usually follow due to lack of food. Unsafe and inconvenient infrastructures in resettlement sites also have impacts on human health. Another concern is the spread of HIV/AIDS transmitted from outside, throughout the construction vicinity.

Examining actual cases that occurred in surrounding areas, neighboring countries or similar climate zones may be useful for predicting the impacts to human health. Mitigation measures have to be studied based on the predicted impacts. Measures may include spraying disinfectants, deforestation and clearing of reservoir areas before impounding, treatment of wastewater, clean drinking water supplies to resettlement areas, monitoring water quality and vectors, provision of regional medical facilities, periodic medical check-ups for affected people, and educating people on hygiene and health.

5. ANALYSE COÛTS/AVANTAGES

Les transferts d'eau à travers le monde ont été développés selon de nombreux modèles différents, de la géopolitique à la finance, où les investissements peuvent être fédéraux, privés ou mixtes.

Ces cas vont du développement de l'infrastructure sans profit mais durable, à la rémunération de l'investissement privé.

Dans ce bulletin, les deux cas sont pris en considération pour un montage complet d'un système de transfert d'eau comprenant des stations de pompage, des canaux, des tunnels, des conduites, des évacuateurs de crues, des siphons, des barrages, des dispositifs hydromécaniques, des centrales électriques, des centrales de turbinage-pompage et des systèmes numériques de supervision et de contrôle.

On considère également que le système de transfert d'eau est conçu pour garantir un développement durable de la région où il sera inséré.

Toutes ces analyses sont fondées sur l'hypothèse d'une croissance de la demande en fonction de la disponibilité de l'eau selon les scénarios précédemment envisagés dans les études d'intégration régionale. Toute analyse examinera la région étudiée avec et sans le projet proposé afin de définir les données économiques qui soutiendront la décision de mettre en œuvre le système de transfert d'eau.

5.1. AVANTAGES

Les avantages principalement liés à l'évaluation économique traitent de la faisabilité du projet du point de vue de la société, notamment les sous-projets intégrés tels l'approvisionnement en eau, l'irrigation et l'utilisation industrielle. Les principaux avantages à évaluer sont les suivants :

I. L'amélioration du bien-être des citadins grâce à un meilleur accès à des ressources en eau supplémentaires. Ces avantages sont mesurés par la consommation excédentaire, obtenue par la différence entre l'acceptation du prix à payer et le prix effectivement payé ;

II. L'excédent du consommateur en ville (industrie, tourisme) et celui à la campagne (irrigation et diffusion intensive). L'excédent est lié au revenu net obtenu en fonction de l'utilisation de l'eau brute ;

III. La réduction des dépenses publiques lors des sécheresses dans la zone du projet, la distribution de nourriture de base et l'approvisionnement en eau par des camions citernes ;

IV. L'amélioration des conditions de santé publique pour la population de la zone du projet pour réduire le risque des maladies causées par le manque d'eau traitée et par la baisse consécutive des dépenses consacrées aux soins de santé, aux hôpitaux et aux médicaments ;

V. La hausse de la productivité de la population grâce à de meilleures conditions de santé ;

VI. La hausse de l'emploi et du revenu de la population dans la zone du projet ;

VII. La réduction des déchets de l'utilisation de l'eau ;

5. BENEFIT AND COST ANALYSIS

Water transfers around the world have been developed following many different models from geopolitical to financial where the investments can be considered federal, private or composite.

Those cases go from infra structure development without profit but sustainable, to remuneration of private investment.

In this bulletin it is considered both cases for a very complete assemblage of a water transfer system which includes, pump stations, canals, tunnels, galleries, spillways, siphons, dams, hydro mechanical devices, power plants, pumped storage plants and supervision and control digital systems.

It is also considered that the water transfer system is conceived to guarantee a sustainable development of the region where it will be inserted.

All those analyses are based on the establishment of demand growth compared to water availability according to scenarios previously agreed known as Regional Insertion Studies. All analysis will consider the region under study with and without the proposed project so as to define economic indexes that will support the decision of implementing the water transfer system.

5.1. BENEFITS

Benefits mainly related to Economic Evaluation deal with the project feasibility on the society point of view including integrated sub projects as water supply, irrigation and industrial usage. The main benefits to be evaluated are the following:

I. Improvement of urban supply user welfare as a result to better access to additional water. These benefits are measured by the exceeding consumption, obtained by the difference between willingness to pay and the effectively paid price;

II. Urban producer's surplus (industry, tourism) and rural (irrigation and intensive diffuse). The producer surplus is related to the net income obtained as a function of the use of raw water;

III. Reduction in public spending during the drought emergency in the area of Project, distribution of basic food, spending on work fronts and supply of water in tank trucks;

IV. Improvements in public health conditions for the population of the Project area due to the reduction of risk of diseases caused by lack of treated water and the consequent reduction in spending on health care, hospital and medicines;

V. Increased productivity in the work of population due to better health condition;

VI. Increased employment and income of the population in the area of the Project;

VII. Waste reduction of water usage;

VIII. La réduction de l'exode rural vers les villes et de l'intérieur vers la capitale et de leurs effets sur l'économie et l'infrastructure urbaines;

IX. L'amélioration de la qualité des eaux brutes, réduction des coûts des services publics, des industries et, à long terme, de l'agriculture;

X. Les avantages indirects comme l'augmentation des recettes fiscales de l'Etat, aux prestations sociales versées, à la synergie de l'eau[1], etc. Ces avantages doivent être transposés en valeur économique utilisée dans l'analyse économique.

L'analyse économique utilise la valeur économique du total des avantages, des coûts environnementaux, des investissements dans la construction et des coûts d'exploitation. Les valeurs économiques sont obtenues en appliquant des prix fictifs ou des prix économiques (qui tiennent compte des valeurs des biens et des services sociaux). Les indicateurs économiques requis sont obtenus à partir de la comparaison des avantages et des coûts économiques dans l'analyse du scenario. Par la suite, l'analyse économique fait l'objet d'une étude de sensibilité.

Il existe peu de logiciels en mesure de calculer les avantages comme ceux décrits ici. A la base de cette analyse, il faut citer le SMPW (modèle de simulation des travaux publics) développé pour la Banque interaméricaine de développement.

Les nouvelles tendances conduisent à la tarification de l'eau brute comme moyen pour mieux contrôler son utilisation comme ressource limitée. La tarification de l'eau introduira un revenu qui peut être considéré comme un avantage économique s'il est pris en compte avec sa valeur convertie ou son gain financier.

5.2. ESTIMATION DES COÛTS

Cette rubrique est déjà très connue et il n'est donc pas nécessaire d'approfondir la discussion, sauf par les remarques suivantes :

La première partie de l'évaluation des coûts est la somme des coûts de construction et d'acquisition de chaque unité qui définit le système de transfert d'eau. Chacun d'entre eux est connu et aucune autre discussion n'est nécessaire. Le Tableau 5.1 montre un exemple des unités de construction qui devraient être prises en considération dans l'évaluation des coûts.

Cependant, le délai nécessaire à la construction revêt une importance majeure pour l'analyse coût/avantages en fonction de sa répartition, étant donné qu'aucun revenu n'est prévu durant cette période. Les intérêts pendant cette période sont appliqués à l'investissement de l'Etat ainsi qu'aux fonds privés et le cas échéant, comme coût supplémentaire dans l'analyse.

A cet égard, il convient de noter que ces types de systèmes peuvent être conçus selon le scénario de croissance retenu, et partiellement construits en plusieurs étapes créant l'étalement des coûts en valeur actuelle.

La deuxième partie des coûts concerne l'exploitation du système, qui comprend aussi la maintenance.

---

[1] Dans les régions sèches où les pluies sont mal réparties, les réservoirs sont exploités en gardant toute l'eau qu'ils peuvent retenir, en la déversant chaque fois que leur capacité totale est atteinte. Avec le transfert d'eau, l'approvisionnement en eau est assuré et le réservoir peut être exploité à des régimes inférieurs. Avec le stockage des eaux de pluie, le système comprend plus d'eau disponible. C'est la synergie du système.

VIII. Reduction of rural → urban and interior → capitals migration and its consequences on urban economy and infra structure;

IX. Improving the quality of raw water, reducing costs for utilities, industries and, in the long term, for agriculture;

X. Indirect benefits such as the increase on government taxes income reverted to social benefit, water synergy[1], etc. These benefits have to be converted to economic values to be used in economic analysis.

The economic analysis uses the economic value of total benefits, the environmental costs, investment in construction and operating costs. The economic values are obtained by applying shadow prices or economic prices (that take into account the values of goods and social services). The required economic indicators are obtained from the comparison of benefits and economic costs of the analysis scenario. Subsequently, the economic analysis undergoes a sensitivity analysis.

There are few softwares that are able to calculate benefits as described here. As the basis of this description it is mentioned the SMPW (Simulation Model of Public Works) developed for the Inter American Bank of Development.

New trends lead to pricing the raw water as a way to better control its usage as a finite good. Pricing the water will introduce an income that can be considered an economic benefit if considered with its converted value or financial benefit otherwise.

5.2. COST ESTIMATE

This item is already very well-known and no further discussion is needed, except these few remarks:

The first part of the cost evaluation is the sum of the construction and acquisition costs of every unit which defines the water transfer system. Every one of them is very well known and no further discuss is needed. Table 5.1 shows an example of the construction units that should be considered in cost assessment.

However, time horizon for construction is of major importance on cost benefit analysis depending on its distribution, since no revenues are due during this period. Interests during this period are applied to both government investment and private equity, if some, as an additional cost for the analysis.

Within this subject it has to be noted that these types of systems may be designed according to the growth scenario established and partially built in phases creating dilution of costs in terms of present value.

The second part of the costs is that concerning operation of the system, which includes the maintenance as well.

---

[1] In dry regions where rain is poorly distributed, reservoirs are operated keeping all water they can retain, spilling it whenever its full capacity is reached. With the presence of the water transfer water supply is assured and the reservoir can be operated in lower levels. Storing the rain once spilled, more water appears in the system and can be added to the availability of the system. This is the system synergy.

Les coûts d'exploitation du projet peuvent être répartis en 4 rubriques principales :

- La maintenance des ouvrages de génie civil et de l'équipement électromécanique (prévu pour une croissance progressive en fonction de la croissance prévue d'utilisation);
- La main-d'œuvre et les coûts opérationnels qui y sont liés;
- L'alimentation électrique[2];
- La gestion.

Tableau 5.1
Exemple de distribution des coûts pour un système brésilien de transfert d'eau avec environ 700 km de canaux, 35 barrages et réservoirs, 7 centrales hydroélectriques, 30 km de tunnels conçus pour un débit maximum de ~100 m³/s. Les coûts environnementaux dans ce cas ont été estimés à 1,6% de plus que le coût total lors des études de faisabilité et peuvent augmenter à 5 ou 6% pendant la construction. Il s'agit ici des chiffres des études de faisabilité (1999).

	RUBRIQUE	COÛT (%)
1	Acquisition des terres et amélioration	1,37
2	Relogement des populations	2,78
3	Réseau électrique	1,91
4	Sous-station	3,81
5	Construction de canaux	43,34
6	Système de drainage	4,38
7	Tunnels	4,38
8	Aqueducs	1,54
9	Prises et stations de pompage	
9.1	Travaux de génie civil	1,93
9.2	Equipement électromécanique	9,08
10	Barrages et aménagements hydroélectriques	
10.1	Travaux de génie civil	8,05
10.2	Equipements électromécaniques	1;08
11	Contrôle et ouvrages de dérivation	
11.1	Travaux de génie civil	0,65
11.2	Equipements électromécaniques	1,07
12	Travaux d'infrastructures	3,86
13	Coûts indirects	10,77
	Investissement total	**100%**

---

[2] Ce coût est important si le système n'est pas gravitationnel et que des pompes et des amplificateurs sont par conséquent utilisés. Dans le cas où il y a une certaine récupération d'énergie au moyen d'une centrale hydroélectrique ou d'une station de pompage, les avantages connexes peuvent alors être considérés comme un coût évité ou comme revenu par la vente d'énergie.

The operational costs of the project can be divided into 4 major items:

- Maintenance of Civil Works and Electromechanical Equipment (scheduled for gradual growth according to the expected use growth);
- Manpower and related operational cost;
- Electric power supply[2], and
- Management

Tableau 5.1
Example of cost distribution for a Brazilian Water Transfer System with approximately 700 km of canals, 35 dams and reservoirs, 7 hydro power plants, 30 km of tunnels designed for a maximum flow of ~100 m³/s. Environmental costs in this case were estimated as 1,6% additional to the total cost during feasibility studies and may rise to 5 or 6% during construction. These figures are referred to feasibility studies (1999).

	ITEM	COST (%)
1	Land Acquisition and improvement	1,37
2	People relocation	2,78
3	Transmission lines	1,91
4	Substation	3,81
5	Artificial canals construction	43,34
6	System drainage	4,38
7	Tunnels	4,38
8	Acqueducts	1,54
9	Intakes and pump stations	
9.1	Civil works	1,93
9.2	Electromechanical equipment	9,08
10	Dams and hydro power plants	
10.1	Civil works	8,05
10.2	Electromechanical equipment	1;08
11	Control and diversion structures	
11.1	Civil works	0,65
11.2	Electromechanical equipment	1,07
12	Infrastructure works	3,86
13	Indirect costs	10,77
	Total Investissement	**100%**

---

[2] This cost is an important one if the system is non gravitational and consequently, pumps and boosters are employed. In case there is some power recovery by means of hydro power plant or power pump station the related benefit can be considered as avoided cost or as income by selling the energy.

Au cours des études de faisabilité, le coût opérationnel, à l'exception de l'énergie, peut être estimé entre 1,5 et 2,0% de l'investissement total annuel.

La troisième partie des coûts est celle liée aux impôts qui varient selon le pays et seront mentionnés ici comme taxes. Dans cette partie, le loyer de l'argent comprend essentiellement les intérêts et le cas échéant les taxes sur les emprunts.

Enfin, les coûts de l'ensemble du système peuvent être évalués entre les différentes régions (villes, Etats, pays) concernées par la consommation, au cas où elles participent à l'investissement. Le cas échéant, le prix de l'eau devrait également être évalué prenant en compte la répartition des volumes d'eau équilibré entre toutes les régions.

5.3. ANALYSE COÛTS-AVANTAGES

L'analyse est développée dans un cadre conceptuel appliqué à un système public ou privé de transfert d'eau pour déterminer si, ou dans quelle mesure, ce projet est intéressant d'un point de vue public ou social. L'analyse coûts-avantages diffère de l'évaluation financière simple en ce sens qu'elle prend en compte tous les gains (avantages) et les pertes (coûts) indépendamment de ceux qui en tirent profit. Cela implique généralement l'utilisation des prix comptables. Les résultats peuvent être exprimés de plusieurs façons, notamment le taux de rendement interne, la valeur actuelle nette et le ratio coûts/avantages.

Ce ratio est la valeur actuelle des avantages générés divisée par la valeur actuelle des coûts engendrés. Lorsque le rapport coûts/avantages est utilisé, le critère de sélection consiste à accepter tous les projets indépendants dont le rapport coûts/avantages est égal à un ou plus lorsqu'il est escompté à un taux approprié, le plus souvent le coût d'opportunité du capital. Le rapport coûts/avantages peut donner un classement incorrect des projets indépendants de transfert et ne peut être utilisé pour choisir parmi les solutions alternatives mutuellement exclusives.

Les analyses économiques et financières des projets sont similaires puisque les deux évaluent le bénéfice d'un investissement. L'analyse financière d'un projet estime que le bénéfice revient aux investisseurs ou à l'entité chargée de l'exploitation du projet tandis que l'analyse économique mesure l'effet du projet sur l'économie nationale. La faisabilité économique d'un projet doit être financièrement durable et efficace sur le plan économique. Si un projet n'est pas financièrement viable, il ne sera pas avantageux sur le plan économique.

Les deux types d'analyse sont effectués en termes monétaires, la différence majeure résidant dans la définition des coûts et des avantages. Dans l'analyse financière, toutes les dépenses engagées dans le cadre du projet et les revenus qui en découlent sont pris en compte.

L'analyse économique vise à évaluer l'impact global d'un projet sur l'amélioration du bien-être économique des citoyens de la région concernée. Elle évalue un projet dans le contexte de l'économie nationale, plutôt que par rapport aux participants au projet ou à l'entité qui met en œuvre le projet.

Les coûts reflètent le niveau de consommation dans d'autres parties de la société qui est sacrifié en détournant pour d'autres usages les ressources nécessaires au projet.

Le but de l'analyse financière est d'utiliser les prévisions des flux de trésorerie du projet pour calculer les taux de rendement appropriés, en particulier le taux de rentabilité financière interne (FRR) sur l'investissement (FRR/C) et le capital propre (FRR/K) et la valeur actuelle nette correspondante (FNPV).

Cette analyse fournit aux décideurs du projet des informations essentielles sur les entrées et les sorties, leurs prix et la répartition dans le temps des revenus et des dépenses.

During feasibility studies the operational cost, except energy, may be estimated as 1,5 to 2,0% of the total investment per year.

The third part of the costs are those related to taxes, which are a specific function of every country and will be mentioned here as taxes. In this part it is grouped the cost of the money, basically the interest and related taxes of the loans, if some.

Finally, the costs of the entire system may be rated among the various regions (cities, states, countries) crossed by or as consumer, in case they participate in the investment. As a consequence the water price, if some, should also be rated balanced by the volume of water distributed among all regions.

5.3. BENEFIT AND COST ANALYSIS

The analysis is developed within a conceptual framework applied to a public or private water transfer system to determine whether, or to what extent, that project is worthwhile from a public or social perspective. Cost-benefit analysis differs from a straightforward financial appraisal in that it considers all gains (benefits) and losses (costs) regardless of to whom they accrue. It usually implies the use of accounting prices. Results may be expressed in many ways, including internal rate of return, net present value and benefit cost ratio.

This ratio is the present value of the benefit stream divided by the present value of the cost stream. When the benefit-cost ratio is used, the selection criterion is to accept all independent projects with a benefit-cost ratio of one or greater when discounted at a suitable discount rate, most often the opportunity cost of capital. The benefit-cost ratio may give incorrect ranking among independent projects and cannot be used for choosing among mutually exclusive alternatives.

Economic and financial analyses of projects are similar since both appraise the profit of an investment. The financial analysis of a project estimates the profit coming back to the investors or to the project-operating entity, whereas economic analysis measures the effect of the project on the national economy. Economic feasibility of a project has to be financially sustainable, as well as economically efficient. If a project is not financially sustainable, economic benefits will not be realized.

Both types of analysis are conducted in monetary terms, the major difference lying in the definition of costs and benefits. In financial analysis all expenditures incurred under the project and revenues resulting from it are taken into account.

Economic analysis attempts to assess the overall impact of a project on improving the economic welfare of the citizens of the region concerned. It assesses a project in the context of the national economy, rather than for the project participants or the project entity that implements the project.

Costs reflect the degree to which consumption elsewhere in society is sacrificed by diverting the resources required by the project from other uses.

The purpose of the financial analysis is to use the project's cash flow forecasts in order to calculate suitable return rates, specifically the financial internal rate of return (FRR) on investment (FRR/C) and own capital (FRR/K) and the corresponding financial net present value (FNPV).

This analysis provides the examiner with essential information on inputs and outputs, their prices and the overall timing structure of revenues and expenditures.

L'analyse financière conventionnelle comprend une série de tableaux avec les flux financiers de l'investissement, ventilés par coûts d'exploitation et revenus de l'investissement, sources de financement et analyse des flux de trésorerie pour la viabilité financière. Cette procédure est également très connue, mais certaines remarques doivent être mentionnées.

Un exemple d'analyse financière montre des idées assez intéressantes. Prenons l'exemple d'une analyse de faisabilité présentée dans les Tableaux 5.2 et 5.3, en référence à un exemple brésilien qui représente une partie d'un projet majeur de transfert d'eau, dans lequel un maximum de 8 m³ serait pompé sur environ 400 m de hauteur, 68 km de longueur, avec 5 stations de pompage. Dans ce cas, il n'y a pas de récupération d'énergie.

On peut s'apercevoir que si l'analyse est effectuée, compte tenu de l'investissement, dans ce cas celui de l'Etat, le prix général de l'eau (qui induit automatiquement la valeur actuelle nette à 0, à savoir aucun rendement envisagé, mais l'investissement remboursé), était d'environ 1,0 dollar/m³.

En revanche, si l'investissement est considéré comme un coût national pour le développement et n'a pas besoin d'être remboursé, le prix de l'eau chutait à 0,17 dollar/m³.

Il ne s'agit là que de l'un des paramètres de l'équation qui conduit finalement à la décision de mettre en œuvre ou non le projet. Dans ce cas, la solution alternative n'a pas été acceptée au profit d'autres dispositions qui avaient le même but.

Une dernière remarque est nécessaire concernant la tarification de l'eau qui a trait à des subventions croisées dans lesquelles l'eau pour la consommation humaine ou industrielle doit avoir un prix plus élevé par rapport à celui pour l'irrigation, pour que celle-ci soit possible. Les transferts d'eau recourant au pompage ne sont pas appropriés pour l'irrigation, puisque le prix de l'eau a tendance à être plus élevé, à moins que ce soit pour d'autres motifs (par exemple, occupation pour des raisons géopolitiques).

EXAMPLE PROJECT
FINANCIAL ANALYSIS WITH INVESTMENT
BASE NOVEMBER 2000

GENERAL			INDEXES	
TOTAL COST	1.288.478,45		IRR	10,71%
LOAN 1	0,00		NPV	0,00
LOAN 2	900.412,69		NPV INCOME	1.700.187,17
INTEREST BANK 1	-		NPV / NPV Inc	0,0%
INTEREST BANK 2	10,25%		NPV Consumed energy	83.467,37
SPREAD	5,00%		NPV OMG	236.039,9
DISCOUNT RATE	10,71%			
WATER TARIFF R$/m³	1,952	US$1.01	*EXCEPT WHERE INDICATED R$ x 1 000	

YEAR	PUMPING m³	INCOME R$	FINANCING BANK 1	FINANCING BANK 2	CONSTRUCTION	INTERESTS	AMORTIZATION	INCOME TAX 1 0,65%	INCOME TAX 2 3,00%	INCOME TAX 3 0,085%	ENERGY	O&M 2,06%	INSURANCE	OTHER TAXES 0,30%	RAW FLOW	NET FLOW
1	0	0	0	230.092	329.325	0	0	0	0	0	0	0	0	0	99.233	-99.233
2	0	0	0	230.092	329.325	25.310	0	0	0	0	0	0	0	0	124.544	-124.544
3	0	0	0	230.092	329.325	51.635	0	0	0	0	0	0	0	0	150.868	-150.868
4	65.158.449	127.920	0	0	0	79.015	102.617	831	3.838	0	5.549	26.543	0	655	219.049	-91.129
5	72.358.600	141.968	0	0	0	70.895	107.417	923	4.259	0	5.902	26.543	0	646	216.687	-74.620
6	79.518.751	156.016	0	0	0	61.922	112.586	1.014	4.680	0	6.255	26.543	0	639	213.639	-57.623
7	86.678.902	170.064	0	0	0	52.020	118.228	1.105	5.102	0	6.608	26.543	0	629	210.235	-40.171
8	91.073.997	178.688	0	0	0	41.101	124.549	1.161	5.361	0	6.824	26.543	0	617	206.155	-27.468
9	100.999.204	198.161	0	0	0	29.049	132.039	1.288	5.945	0	7.313	26.543	0	607	202.783	-4.622
10	108.189.355	212.209	0	0	0	15.689	142.627	1.379	6.366	0	7.666	26.543	0	601	200.871	11.338
11	115.319.506	226.257	0	70.046	100.168	0	0	1.471	6.788	0	8.019	26.543	0	429	73.370	152.887
12	122.479.657	240.306	0	70.046	100.168	7.705	0	1.562	7.209	0	8.371	26.543	0	455	81.967	158.339
13	129.639.808	254.354	0	70.046	100.168	15.719	0	1.653	7.631	0	8.724	26.543	0	481	90.873	163.481
14	136.799.959	268.402	0	0	0	24.054	31.239	1.745	8.052	0	12.119	26.543	0	311	100.063	164.339
15	143.960.109	282.450	0	0	0	21.582	32.701	1.836	8.474	0	12.559	26.543	0	311	104.005	178.445
16	151.120.260	296.499	0	0	0	18.931	34.274	1.927	8.895	0	12.999	26.543	0	310	103.799	192.699
17	158.280.411	310.547	0	0	0	15.836	35.992	2.019	9.316	0	13.439	26.543	0	309	103.455	207.092
18	165.440.562	324.595	0	0	0	12.512	37.916	2.110	9.738	0	13.880	26.543	0	308	103.006	221.589
19	172.600.713	338.643	0	0	0	8.843	40.196	2.201	10.159	0	14.320	26.543	0	307	102.569	236.074
20	179.760.864	352.692	0	0	0	4.776	43.419	2.292	10.581	0	14.760	26.543	0	307	102.678	250.013

Tableau 5.2
Analyse financière pour une alternative d'aménagement de transfert d'eau, avec 30 années d'exploitation ajoutées à 3 années de construction. L'Investissement a été considéré comme un élément de trésorerie. Il s'agit ici d'une partie de la vraie feuille de calcul, où manquent les lignes jusqu'à la 30e année ainsi que les colonnes à droite.

The conventional financial analysis is made up of a series of tables that collect the financial flows of the investment, broken down by total investment operating costs and revenue, sources of financing and cash flow analysis for financial sustainability. This procedure is also very well known; however, some remarks have to be stated.

One example of financial analysis shows quite interesting thoughts. Taking for example a feasibility analysis shown in tables 5.2 and 5.3, referring to a Brazilian example, which represents a part of a major water transfer, in which a maximum o 8 m³ would be pumped, approximately 400 m of height, 68 km long, with 5 pump stations. In this case energy recovery is not available.

One can realize that if the analysis is made considering the investment, in this case a government one, the general price for the water, automatically leading the NPV (Net Present Value) to 0, i.e., no return considered but investment being refunded, was approximately US$1,0 /m³.

On the other hand, if the investment is considered a national cost for development, and do not need to be refunded, the water price went down to US$ 0,17/m³.

This is just one of parameters of the equation that finally leads to the decision of implementing or not the project. In this case the alternative was not accepted in favour of other lay out for the same purpose.

A final remark is due; concerning water pricing which deals with crossed subsides in which the water of human or industrial consumption has to have a higher price in favour of the irrigation price, to make it feasible. Water transfers which use pumping are not adequate for irrigation purposes, since the water price tend to be higher, unless other purposes are involved (for example occupation for geopolitical reasons).

EXAMPLE PROJECT
FINANCIAL ANALYSIS WITH INVESTMENT
BASE NOVEMBER 2000

GENERAL			
TOTAL COST	1.288.478,45		
LOAN 1	0,00		
LOAN 2	900.412,69		
INTEREST BANK 1	-		
INTEREST BANK 2	10,25%		
SPREAD	5,00%		
DISCOUNT RATE	10,71%		
WATER TARIFF R$/m²	1,982	US$1,01	*EXCEPT WHERE INDICATED R$ x 1.000

INDEXES	
IRR	10,71%
NPV	0,00
NPV INCOME	1.700.187,17
NPV / NPV inv	0,0%
NPV Consumed energy	83.467,37
NPV OMG	236.039,9

YEAR	PUMPING m³	INCOME	FINANCING BANK 1	BANK 2	CONSTRUCTION	INTERESTS	AMORTIZATION	INCOME TAX 1 8,65%	INCOME TAX 2 3,00%	INCOME TAX 3 0,00%	ENERGY	O&M	INSURANCE 2,06%	OTHER TAXES 0,30%	RAW FLOW	NET FLOW
1	0	0	0	230.092	329.325	0	0	0	0	0	0	0	0	0	99.233	-99.233
2	0	0	0	230.092	329.325	25.310	0	0	0	0	0	0	0	0	124.544	-124.544
3	0	0	0	230.092	329.325	51.635	0	0	0	0	0	0	0	0	160.868	-160.868
4	65.198.449	127.920	0	0	0	79.015	102.617	831	3.838	0	5.549	26.543	655	219.049	-91.129
5	72.358.600	141.968	0	0	0	70.895	107.417	923	4.259	0	5.902	26.543	648	216.687	-74.620
6	79.518.751	156.016	0	0	0	61.922	112.586	1.014	4.680	0	6.255	26.543	639	213.639	-57.623
7	86.678.902	170.064	0	0	0	52.020	118.228	1.105	5.102	0	6.608	26.543	629	210.235	-40.171
8	91.073.997	178.688	0	0	0	41.101	124.549	1.161	5.361	0	6.824	26.543	617	206.155	-27.468
9	100.999.204	198.161	0	0	0	29.049	132.039	1.288	5.945	0	7.313	26.543	607	202.783	-4.623
10	108.159.355	212.209	0	0	0	15.689	142.627	1.379	6.366	0	7.666	26.543	601	200.871	11.338
11	115.319.506	226.257	0	70.046	100.168	0	0	1.471	6.788	0	8.019	26.543	429	73.370	152.887
12	122.479.657	240.306	0	70.046	100.168	7.705	0	1.562	7.209	0	8.371	26.543	456	81.967	158.339
13	129.639.808	254.354	0	70.046	100.168	15.719	0	1.653	7.631	0	8.724	26.543	481	90.873	163.481
14	136.799.959	268.402	0	0	0	24.054	31.239	1.745	8.052	0	12.119	26.543	311	104.063	164.339
15	143.960.109	282.450	0	0	0	21.582	32.701	1.836	8.474	0	12.559	26.543	311	104.005	178.445
16	151.120.260	296.499	0	0	0	18.851	34.274	1.927	8.895	0	12.999	26.543	310	103.799	192.699
17	158.280.411	310.547	0	0	0	15.836	35.992	2.019	9.316	0	13.439	26.543	309	103.455	207.092
18	165.440.562	324.595	0	0	0	12.512	37.916	2.110	9.738	0	13.880	26.543	308	103.006	221.589
19	172.600.713	338.643	0	0	0	8.843	40.196	2.201	10.159	0	14.320	26.543	307	102.569	236.074
20	179.760.864	352.692	0	0	0	4.778	43.419	2.292	10.581	0	14.760	26.543	307	102.678	250.013

Table 5.2
Financial analysis for one alternative of water transfer layout, considering 30 years of operation added to 3 of construction. Investment was considered as part of the cash flow. This is part of the real spreadsheet, lacking lines down to year 30 and remaining columns on the right side.

EXAMPLE PROJECT
FINANCIAL ANALYSIS WITHOUT INVESTMENT
BASE NOVEMBER 2000

GENERAL				INDEXES	
TOTAL COST	1.288.478,45				
LOAN 1	0,00			IRR	10,71%
LOAN 2	0,00			NPV	0,00
INTEREST BANK 1	-			NPV INCOME	285.278,62
INTEREST BANK 2	10.25%			NPV / NPV inc	0,0%
SPREAD	6,00%			NPV Consumed energy	83.467,37
DISCOUNT RATE	10,71%			NPV OMG	236.039,9
WATER TARIFF R$/m³	0,329	US$0.17	*EXCEPT WHERE INDICATED R$ × 1 000		

YEAR	PUMPING m³	INCOME R$	FINANCING BANK 1	BANK 2	CONSTRUCTION	INTERESTS	AMORTIZATION	DISBURSEMENT INCOME TAX 1 0.65%	INCOME TAX 2 3.00%	INCOME TAX 3 1.00%	ENERGY	O&M 2.0%	INSURANCE	OTHER TAXES 0.30%	RAW FLOW	NET FLOW
1	0	0						0	0	0	0	0		0	0	0
2	0	0						0	0	0	0	0		0	0	0
3	0	0						0	0	0	0	0		0	0	0
4	65.198.449	21.464						140	644	0	5.549	26.543		125	33.000	-11.537
5	72.358.600	23.821						155	715	0	5.902	26.543		127	33.441	-9.620
6	79.518.751	26.178						170	785	0	6.255	26.543		128	33.881	-7.703
7	86.678.902	28.536						185	856	0	6.608	26.543		130	34.322	-5.786
8	91.073.997	29.982						195	899	0	6.824	26.543		131	34.592	-4.610
9	100.999.204	33.250						216	997	0	7.313	26.543		133	35.203	-1.953
10	108.159.355	35.607						231	1.068	0	7.666	26.543		135	35.643	-36
11	115.319.505	37.964						247	1.139	0	8.019	26.543		137	36.084	1.881
12	122.479.657	40.321						262	1.210	0	8.371	26.543		138	36.524	3.797
13	129.639.808	42.679						277	1.280	0	8.724	26.543		140	36.964	5.714
14	136.799.959	45.036						293	1.351	0	12.119	26.543		153	40.459	4.577
15	143.960.109	47.393						308	1.422	0	12.559	26.543		155	40.987	6.406
16	151.120.260	49.750						323	1.493	0	12.999	26.543		157	41.515	8.235
17	158.280.411	52.107						339	1.563	0	13.439	26.543		159	42.043	10.064
18	165.440.562	54.465						354	1.634	0	13.880	26.543		161	42.571	11.893
19	172.600.713	56.822						369	1.705	0	14.320	26.543		163	43.099	13.722
20	179.760.864	59.179						385	1.775	0	14.760	26.543		165	43.628	15.551

Tableau 5.3
Même cas en gardant la même base de temps. L'investissement n'a pas été considéré comme inclus dans le flux de trésorerie. Il s'agit ici d'une partie de la vraie feuille de calcul, où manquent les lignes jusqu'à la 30e année ainsi que les colonnes à droite.

5.4. ANALYSE DE LA VALEUR

Pour transférer de l'eau entre les bassins, et compte tenu des incertitudes, des études d'analyse des risques devraient être effectuées. Dans ces études, les possibilités et les menaces sont analysées et un plan d'action de gestion des risques est élaboré. Une analyse de la valeur devrait également être réalisée. L'indice de valeur dans cette analyse est envisagé en fonction des cas de consommation dans les bassins sources et destinataires et l'option avec l'indice de valeur le plus élevé de l'équation suivante est sélectionnée :

VI (Indice de valeur) = Valeur (avantages, besoins et souhaits) / Coût (inconvénient, argent, risque)

(Réf. BS EN 12973 : 2000- Value Management – BSI British Standards).

Dans cette équation, la valeur est celle de l'eau pour le consommateur qui contient les avantages de la consommation d'eau et la valeur estimative des besoins et des souhaits sociaux et écologiques. Le coût comprend le coût du cycle de vie du projet, les défaillances écologiques, les inconvénients sociaux et culturels indésirables et les risques négatifs (menaces).

En conséquence, le transfert d'eau entre les bassins est acceptable lorsque l'indice de valeur du transfert d'eau vers la destination est supérieur à l'indice de la valeur dans la source.

EXAMPLE PROJECT
FINANCIAL ANALYSIS WITHOUT INVESTMENT
BASE NOVEMBER 2000

GENERAL				INDEXES	
TOTAL COST	1.288.478,45				
LOAN 1	0,00			IRR	10,71%
LOAN 2	0,00			NPV	0,00
INTEREST BANK 1	-			NPV INCOME	285.278,62
INTEREST BANK 2	10,25%			NPV / NPV inc	0,0%
SPREAD	6,00%			NPV Consumed energy	83.467,37
DISCOUNT RATE	10,71%			NPV OMG	236.039,9
WATER TARIFF R$/m³	0,329	US$0,17	*EXCEPT WHERE INDICATED R$ x 1 000		

YEAR	PUMPING m³	INCOME R$	FINANCING BANK 1	FINANCING BANK 2	CONSTRUCTION	INTERESTS	AMORTIZATION	DISBURSEMENT INCOME TAX 1 9,65%	INCOME TAX 2 3,00%	INCOME TAX 3 9,00%	ENERGY	O&M 2,06%	INSURANCE	OTHER TAXES 0,30%	RAW FLOW	NET FLOW
1	0	0						0	0	0	0	0	0	0	0	0
2	0	0						0	0	0	0	0	0	0	0	0
3	0	0						0	0	0	0	0	0	0	0	0
4	65.198.449	21.464						140	644	0	5.549	26.543		125	33.000	-11.537
5	72.358.600	23.821						155	715	0	5.902	26.543		127	33.441	-9.620
6	79.518.751	26.178						170	785	0	6.255	26.543		128	33.881	-7.703
7	86.678.902	28.536						185	856	0	6.608	26.543		130	34.322	-5.786
8	91.073.997	29.982						195	899	0	6.824	26.543		131	34.592	-4.810
9	100.999.204	33.250						216	997	0	7.313	26.543		133	35.203	-1.983
10	108.159.355	35.607						231	1.068	0	7.666	26.543		135	35.643	-36
11	115.319.506	37.964						247	1.139	0	8.019	26.543		137	36.084	1.881
12	122.479.657	40.321						262	1.210	0	8.371	26.543		138	36.524	3.797
13	129.639.808	42.679						277	1.280	0	8.724	26.543		140	36.964	5.714
14	136.799.959	45.036						293	1.351	0	12.119	26.543		153	40.459	4.577
15	143.960.109	47.353						308	1.422	0	12.559	26.543		155	40.987	6.406
16	151.120.260	49.750						323	1.493	0	12.999	26.543		157	41.515	8.235
17	158.280.411	52.107						339	1.563	0	13.439	26.543		159	42.043	10.064
18	165.440.562	54.465						354	1.634	0	13.880	26.543		161	42.571	11.893
19	172.600.713	56.822						369	1.705	0	14.320	26.543		163	43.099	13.722
20	179.760.864	59.179						385	1.775	0	14.760	26.543		165	43.628	15.551

Table 5.3
Same case keeping the same time basis. Investment was not considered as part of the cash flow. This is part of the real spreadsheet, lacking lines down to year 30 and remaining columns on the right side.

5.4. VALUE ANALYSIS

For transferring water between basins, considering the uncertainties, risk analysis studies should be performed. In these studies, the opportunities and threats are analyzed, and a Risk Action plan is developed for managing them. Value engineering study should also be done. The Value index in the Value Engineering study is considered based on the consumption cases in the source and destination basins, and the option with the highest Value index from the following equation is selected:

$$VI \text{ (Value Index)} = \frac{\text{Worth (benefits, needs, and desires)}}{\text{Cost (disadvantage, money, risk)}}$$

(ref. BS EN 12973:2000- Value Management – BSI British Standards);

In this equation, worth is the value of the water for the consumer which contains the benefits of consuming the water and the estimated worthiness of social and ecological needs and desires. The cost in the equation contains life Cycle Cost of project, ecological deficiencies, undesired social and cultural disadvantages, and negative risks (threats).

As a result, water transfer between basins is acceptable when Value index of water transfer to the destination is greater than the Value index in source.

6. DIRECTIVES POUR L'ÉTUDE DES OPTIONS DE TRANSFERT D'EAU INTERBASSINS

A ce jour, le Bulletin a traité les thèmes suivants liés au Comité des barrages et des transferts d'eau pour les systèmes de transfert d'eau interbassins : i) besoin, potentiel et limites des transferts; Ii) évaluation des impacts environnementaux et sociaux; Iii) moyens de réaliser une analyse coût/avantages. Le dernier des termes de référence pour le Comité des barrages et des transferts d'eau nécessite une étude et une identification de la logique des options possibles pour les transferts d'eau interbassins, en déployant les ressources en eau disponibles dans le bassin. Un tel déploiement requiert une étude de l'éventail complet du développement des ressources en eau dans le bassin hydraulique concerné, à l'échelle microscopique ou macroscopique, des eaux de surfaces aux eaux souterraines, dans une combinaison discrète et judicieuse pour obtenir le coût minimal, le maximum d'avantages et une déperdition minimale des ressources en eau du bassin. Il est évident qu'on ne recourt aux transferts d'eau interbassins que lorsque la disponibilité en eau du bassin est insuffisante et qu'une alternative économique des transferts d'eau interbassins est possible, car l'eau est excédentaire par rapport aux besoins dans le bassin source. Une étude des options proposées des transferts d'eau interbassins est décrite dans ce chapitre, avant de décider d'adopter un projet de transfert d'eau interbassins. L'objectif sous-jacent de ces derniers termes de référence est d'expliquer et de comprendre la logique et d'évaluer la faisabilité de diverses options alternatives permettant d'assurer l'approvisionnement en eau pour différents usages dans le bassin hydraulique et, si possible, éviter le système de transfert d'eau interbassins envisagé pour remplir ces objectifs. Cela renforce l'hypothèse selon laquelle, dans le bassin, l'option proposée peut fournir le volume et la qualité d'approvisionnement en eau requis avec des coûts (financiers, sociaux et écologiques) compte tenu des coûts prévisionnels et des incertitudes/risques impliqués. En d'autres termes, l'option à l'intérieur du bassin devrait fournir une plus grande proportion d'avantages/coûts ou offrir plus d'avantages et moins d'inconvénients. Les sections suivantes du chapitre 6 développent ces options. On constatera que certaines des options présentées pour les transferts d'eau interbassins proposent vraiment des solutions locales à la micro-échelle, plutôt que celles à l'échelle régionale. Elles sont également généralement présentées comme des options à plus grande échelle adoptée conventionnellement dans les solutions d'aménagement de bassin et ne sont donc pas uniques. Néanmoins, certaines visent à rendre équitable l'examen du transfert d'eau interbassins et méritent donc la plus grande attention.

6. GUIDELINES FOR STUDY OF OPTIONS TO IBWT

The Bulletin so far has dealt with following subjects related with CDWT for IBWT schemes: i) need, potential, and limits to such transfers; ii) assessment of environmental and social impacts; iii) ways to conduct benefit cost analysis. The last of the terms of reference (ToR) for CDWT requires a study and identification of logic for possible options to IBWT, by deploying available water resources (WR) within the basin. Such deployment requires study of entire range of Water Resources Development (WRD) in the concerned river basin, micro to macro scale, surface to ground WR, in a discrete & judicious combination to enable it at minimum cost, maximum benefits and minimum wastage of the WR of the basin. It is clear that one adopts IBWT, only when within basin availability is deficient and an economical alternative of IBWT is possible, because it is available in surplus against needs within the source basin. Yet, a study of options as proposed by some students of IBWT is outlined in this chapter, before a decision for IBWT is made. The underlying objective behind this last ToR is to explain & understand the logic and assess feasibility of various alternative options to avail the water supply for different uses within the river basin and if possible, avoid the proposed IBWT scheme to serve those purposes. It underlines the assumption that within basin, the proposed option is able to provide required quantum and quality of water supply within the estimated – financial, social, ecological – costs or uncertainties / risks involved. In other words, the within basin option ought to provide a higher benefit/cost proportion or provides more advantages and less disadvantages. The Chapter 6 in following sections, elaborates these options. It will be seen that some of the suggested options to IBWT really propose local solutions at micro scale, rather than those at regional scale. They are also usually posed as options to the conventionally adopted larger scale within basin solutions and hence are not unique. Nevertheless, some aim at bringing equity to the centre-stage of consideration of IBWT and hence merit serious consideration.

6.1. MICRO-DÉVELOPPEMENT DE BASSIN ET COLLECTE D'EAU DE PLUIE

La micro et macro échelle du développement des ressources en eau répondent respectivement aux besoins :

i) Des populations dispersées;

ii) Des grandes zones régionales physiquement limitrophes par des transferts d'eau sur des distances petites à grandes selon l'échelle d'exploitation desservant un nombre relativement plus important de bénéficiaires. La première option intervient dans une étroite bande de paramètres hydrométéorologiques d'intensité, de durée, de pluviométrie antérieure, d'évaporation potentielle, de capacité d'infiltration, etc. et a des limites importantes et offre moins de souplesse. Du fait de l'habitat dispersé, elle fait appel à des « cadres » locaux qui facilitent la participation de la communauté à la mise en œuvre par rapport aux projets organisés de ressources en eau sur une méga échelle, exigeant et utilisant des méthodes industrielles pour la mise en œuvre déployant une main-d'œuvre spécialement qualifiée. Elle joue un rôle éminemment crucial dans la conservation des terres et des sols dans les zones de gestion des bassins versants et de l'irrigation. Pour les zones alimentées par les pluies et les zones sans centre de régulation des systèmes d'irrigation conventionnels, elle permet des arrosages supplémentaires et protecteurs pour les cultures. Elle recharge les eaux souterraines et satisfait très bien les petits besoins en eau potable en milieu rural. Les systèmes à micro-échelle sont essentiellement complémentaires de ceux à macro-échelle. Leur fiabilité est bien plus faible que celle de cette dernière et le coût par unité d'eau disponible est souvent élevé par rapport aux grands projets. Ainsi, hydrologiquement aussi bien que financièrement, ils sont moins viables et visent à satisfaire le niveau local, ce qui manque à la macro-échelle. Il est constaté que, dans un bassin donné, environ 10% de l'eau disponible pourraient être exploités à micro-échelle, alors que dans le cadre du développement des ressources en eau à plus grande échelle, 90% peuvent être utilisés. Ces 10% ne permettent donc pas l'option d'une solution à plus grande échelle pour le développement des ressources en eau, que ce soit dans ou entre bassins. Ce sont des options viables si elles sont complémentaires.

6.1. MICRO WATERSHED DEVELOPMENT AND RAINWATER HARVESTING

Micro and macro scale of WRD respectively caters to needs from:

i) dispersed local to;

ii) large physically contiguous regional areas; through water transfers over distances small to large as per scale of operation serving relatively larger numbers of beneficiaries. The former operates within a narrow band of hydro-meteorological parameters of intensity, duration, antecedent rainfall, potential evaporation, infiltration capacity etc. and has strong limitations and less flexibility. Being scattered, it calls for dedicated local 'cadre' that facilitates community participation for implementation as compared to the organized WR projects on mega scale, requiring and availing industrial methods for implementation deploying especially skilled trained manpower. It has an eminently crucial role in conserving land and soils in the catchment and irrigation command areas. For the rain-fed areas and non-commanded areas of conventional irrigation schemes, it provides supplementary and protective watering for crops. It recharges ground water and admirably satisfies small needs like rural drinking water needs. Micro scale schemes are basically complementary to macro scale ones. Their dependability is much lower than the latter and cost per unit water made available is often high in relation to larger schemes. Thus, hydrologically as well as financially, the former is less viable and yet serve the purpose of meeting with local pockets, which otherwise are missed by the latter. It is seen that in a typical basin spread, about 10% of available water could be harnessed through micro scale, whereas due to larger scale WRD 90% can be availed. Thus, they don't pose as option to larger scale of WRD whether it is intra or inter-basin. They are viable options for supplementation.

6.2. GRANDS OU PETITS BARRAGES

Un grand ou un petit barrage est construit en fonction de l'emplacement où l'on pourrait utiliser un volume d'approvisionnement en eau pour satisfaire les besoins des populations et d'une étude des conditions économiques-hydro-géo-techniques. Dans un bassin, une combinaison discrète et judicieuse de grandes et petites installations est nécessaire pour satisfaire les besoins de la communauté d'usagers ciblée en utilisant les ressources en eau à un coût minimum par unité d'eau disponible. La mise en place d'une série d'infrastructures de petits barrages dans un bassin est aussi inefficace sur le plan hydrologique que financier, tout comme la mise en place de grands barrages seulement. Le choix de construire un grand ou un petit barrage en un lieu donné est en grande partie une décision technico-économique. Les barrages plus grands peuvent augmenter davantage les niveaux de la retenue, faciliter le transfert entre les bassins ou entre les sous-bassins à un coût moindre, en raison de la réduction du coût des tunnels à travers les reliefs et de la réduction de la longueur de l'installation de transfert d'eau (canal ou canalisation). Pourtant, personne ne prétend que les transferts d'eau interbassins ne requièrent que de grands barrages, de préférence aux petits. La taille d'un barrage à construire dépend du besoin de volume d'eau à satisfaire pour différents objectifs (à l'intérieur des bassins ou entre les bassins). Les demandes concernant les petits barrages répondant à tous les besoins ne sont pas fondées sur des faits. Une proportion relativement plus importante des eaux captées est perdue par évaporation dans le cas des petites structures. Une étude récente pour relancer de vieux réservoirs à Tamil Nadu (Inde) a révélé que cela est plus coûteux que de construire de nouveaux systèmes de grande taille. Pour les nouvelles installations, le coût en capital en dollars pour 1000 m cubes de stockage, tel que rapporté par Keller et Seckler (1999), variait de 8 à 100 dollars pour les grands stockages, et de 160 à 600 pour les micro stockages. Les frais d'exploitation et de maintenance augmentent à mesure que la taille diminue. Lorsque de grandes quantités doivent être exploitées ou transférées, les grandes installations bien structurées s'avèrent rentables et indispensables. En fin de compte, le choix de la taille des barrages pour permettre le transfert d'eau à l'intérieur ou à l'extérieur du bassin hydraulique dépend du fait que les transferts d'eau interbassins peuvent être évités en choisissant des petits barrages au lieu de grands barrages dans le bassin hydraulique. Ce qui précède indique que le transfert d'eau interbassins ne peut être évité simplement par la construction de petits barrages au lieu de grands barrages dans ce bassin excédentaire. En fait, il est probable que dans ce cas, même les besoins du bassin ne peuvent être pleinement respectés en adoptant l'option des petits barrages.

6.3. CENTRALES HYDROÉLECTRIQUES AU FIL DE L'EAU

L'option indique une possibilité de construire plusieurs stations au fil de l'eau au lieu d'une ou plusieurs usines suivies d'une série de centrales au fil de l'eau pour permettre d'utiliser/réutiliser plusieurs fois les mêmes ressources en eau, optimisant ainsi la production d'hydroélectricité. Cette hypothèse est vraisemblablement correcte, si le débit de la rivière est plus ou moins pérenne avec peu de variations d'un mois à l'autre, comme dans le cas des systèmes fluviaux des climats tempérés alimentés fréquemment par la fonte des neiges et des glaces des zones de reliefs sur une base assez uniforme tout au long de l'année. Dans les régions tropicales, ces installations autonomes sans stockage en amont ne sont pas considérées comme viables car la variation du débit de la rivière est si importante que la capacité installée est trop élevée pour un débit fiable. Leur fiabilité après la saison des pluies est discutable. Il y ainsi l'option de construire des centrales hydroélectriques au fil de l'eau pour le développement des ressources en eau centré sur le climat, et non pour une option ou un choix de propositions de transfert intra ou interbancaire. Cette option peut alors être étudiée pour déterminer si les centrales hydroélectriques au fil de l'eau peuvent aider à éviter le transfert d'eau interbassins.

6.2. SMALL OR BIG DAMS

A large or a small dam is built depending upon location at which one could avail requisite quantum of water supply for needy users and when proven by study of economical-hydro-geo-technical considerations. In a basin, a discrete judicious combination of large to small facilities is required to satisfy needs of target user community by availing WR at a minimum cost per unit of water made available. Undertaking set up of infrastructure of only small dams in a basin, is as much inefficient hydrologically as well as financially, as undertaking only large dams. The choice of a large or small dam at a given location in a basin is largely a techno-economic decision. Larger dams can raise reservoir elevations higher, facilitating inter-basin or inter-sub-basin transfer at lower cost, because of reduction of cost of tunnel across the ridge and or reduction in length of water transfer facility like a canal or a pipeline. Yet nobody claims that IBWT requires only large dams in preference to small ones. The size of a dam to be built depends upon need for volume of water for serving different purposes – intra or inter-basin. Claims about small dams meeting all demands are not factually correct. Relatively larger proportion of captured water is lost to evaporation in case of small structures. A recent study to revive old tanks in TamilNadu (India) indicated that it is more expensive than building new large systems. For new facilities, capital cost in US$ per 1000 cub m storage, as reported by Keller and Seckler (1999) varied from: for large storages at 8 to 100 US$, to micro: at 160 to 600. O&M costs increase with decreasing size. When large quanta are to be harnessed and or transferred, large organized facilities prove cost-effective and are unavoidable. Ultimately the choice of size of dams for enabling water transfer within or outside the river basin depends upon whether IBWT can be avoided by making a choice of small instead of large dams within the river basin. The foregoing indicates that IBWT can't be avoided simply by building small instead of large dams within that surplus basin. In fact, a chance is that in that case even within basin needs can't be supported fully by adoption of the option of small dams.

6.3. RUN-OF-THE-RIVER (ROR) HYDROPOWER STATIONS

The option indicates a possibility that one can build several RoR stations in place of one or more storages followed by a cascade of RoR stations in d/s, to allow use / reuse of the same WR over and again thus maximizing HP generation from it. This assumption is very likely correct, if the river flow is more or less perennial with little variation month by month as in case of temperate climate river systems often fed by snow / ice melt from the hills on a fairly uniform basis throughout the year. In tropical conditions, such stand-alone installations without upstream storages are not found viable as the river flow variation is so large that installed capacity is far too high for the dependable river flow. Their reliability in post rainy season is questionable. Thus, the option to build RoR HP stations exists for climate centric WR development, and not for an option or a choice of intra or inter basin transfer proposals. Still, the option can be studied to ascertain if RoR HP Stations can help avoid IBWT.

6.4. ÉNERGIE SOLAIRE ET NON CONVENTIONNELLE COMME SOLUTION ALTERNATIVE À L'HYDROÉLECTRICITÉ

Bien qu'elles constituent sans aucun doute des sources ultimes inépuisables et des options pour l'avenir, en lieu et place des sources conventionnelles comme les installations hydroélectriques ou thermiques, elles sont encore en phase de développement. Les coûts actuels restent élevés et inabordables pour des projets à grande échelle. Ensuite, ces dispositifs, comme par exemple les gazogènes à biomasse, nécessitent de vastes étendues de terre pour l'installation et/ou la culture de la biomasse, qui pourraient ne pas être disponibles ou qui nécessiteraient à leur tour d'être approvisionnées en eau à partir de systèmes conventionnels de développement des ressources en eau. Ils ne sont donc pas actuellement viables. Ceux qui préconisent cette option ne tiennent pas non plus compte de la nature non ponctuelle et dispersée de la source d'énergie et des difficultés rencontrées dans leur commercialisation par intégration dans le réseau électrique avec de grandes unités de puissance. Il est probable qu'il faudra beaucoup de temps pour rendre cette option possible. D'ici là, l'option actuelle continuera à répondre aux besoins locaux en énergie, présentement privés de ce mode de production à partir d'une seule source et nécessitant une transmission coûteuse sur de longues distances. En outre, il est peu probable de générer de grosses unités de production d'énergie autres que celles que le système conventionnel actuel facilite.

6.5. PRISE EN COMPTE DES EFFETS NÉGATIFS DE LA DÉRIVATION ENTRE LES BASSINS SOURCE/RÉCEPTEUR

Tout d'abord, les systèmes de transferts d'eau interbassins une fois mis en œuvre prélèvent un certain volume d'eau du bassin bénéficiaire, qui n'est plus disponible pour une demande imprévue pouvant survenir dans le bassin source. Ce type de projet peut donc compromettre le développement futur des ressources en eau. Une évaluation réaliste d'une telle possibilité doit être menée avec des dispositions appropriées prévues dans les documents juridiques, le cas échéant.

Ensuite, le transfert industriel de ressources en eau transmet potentiellement des polluants et la pollution du bassin source vers le bassin bénéficiaire. Il peut également transmettre des espèces envahissantes. L'option nécessite donc une évaluation minutieuse. Toutefois, aucun élément de preuve de ce genre n'a été mis en lumière dans les systèmes existants de transfert d'eau interbassins. Cela peut être évité par le suivi, le traitement des polluants/espèces envahissantes au point de captage de l'eau du bassin source, assurant ainsi le maintien de la qualité de l'eau transférée. La planification détaillée de chaque étape pendant le processus DPR est néanmoins nécessaire pour résoudre ces problèmes.

D'autre part, le système de transfert d'eau interbassins réduira en particulier le débit en période de beau temps dans la rivière source, entraînant une diminution des quantités nécessaires de dilution et une détérioration de la qualité de l'eau à l'aval. Ce risque doit être examiné à l'avance et des mesures appropriées doivent être intégrées dans les systèmes d'exploitation.

6.6. PRIORITÉ ACCORDÉE AUX BESOINS À L'INTÉRIEUR DU BASSIN

L'option vise à accorder la priorité à la satisfaction des besoins actuels et futurs des populations/systèmes écologiques dans le bassin source avant de calculer le volume des ressources en eau excédentaires transférées vers le bassin bénéficiaire. Tout en calculant les besoins futurs, des dispositions libérales doivent être prévues pour les aspirations justifiées des populations à la lumière de la disponibilité annuelle de ressources en eau par personne, du niveau de privation - pauvreté - manque d'éducation - santé et hygiène - moyens de subsistance - développement et croissance économique - et santé écologique. Bien qu'une proposition de transfert d'eau interbassins tienne compte des problèmes nécessitant un transfert d'eau dans le bassin bénéficiaire, le plus souvent, les besoins du bassin source ne sont pas calculés et comparés. L'option vise donc à faire pencher un peu plus que ne le permet l'égalité entre le bassin source et le bassin bénéficiaire. Étant donné que les autres paramètres sont égaux, on passerait par la viabilité socioéconomique - technologique de l'option.

6.4. SOLAR AND NON-CONVENTIONAL ENERGY AS AN ALTERNATIVE TO HYDROPOWER

Although these undoubtedly constitute the ultimate inexhaustible sources and options for the future, in place of conventional sources like hydropower or thermal installation, they are at present still in development stage. Present costs remain high and unaffordable for large scale adoption. Secondly, these systems e.g. like bio-mass based gasifiers, require large tracts of land for installation and or growing biomass, which might not be available, or which would in turn require water supply from conventional WRD schemes. They are therefore presently not viable. Proponents of this option also don't account for the non-point, dispersed nature of the source of energy and difficulties faced in their commercialization by way of absorption in the power grid and in transmission of large blocks of power. It is likely to take a long time to make a breakthrough happen to make this option workable. Till then, the option will continue to serve local needs of energy, presently deprived in the present mode of generation at one source and needing expensive transmission from long distances. Also, it is not likely to generate large blocks of energy as the present conventional system facilitates.

6.5. ACCOUNT FOR ILL-EFFECTS OF DIVERSION ON BOTH SOURCE / RECIPIENT BASINS

The IBWT schemes once implemented, commit certain quantum of w/s to the recipient basin, which does not remain available for any unforeseen demands that might arise in the source basin. Such schemes therefore have potential to jeopardize future water development there. Realistic assessment of such possibility has to be conducted and appropriate provisions made in legal documents, if any.

Secondly, transfer of bulk supplies of WR has potential to pass pollutants and pollution from source basin to recipient basin. It can also transmit invasive species. The option therefore calls for a careful appraisal. No such evidence however has surfaced in the existing IBWT schemes. It can be taken care of by monitoring, treating pollutants / invasive species at the point of abstraction of water from the source basin thus ensuring maintenance of requisite quality of water transferred. Detailed planning for each link during the DPR process however is required to address these issues.

Thirdly, IBWT scheme will reduce in particular the fair-weather flow in the source river system, causing reduction of dilution doses and aggravating water quality in the d/s. Such possibility has to be ascertained in advance and appropriate measures are built in the operation systems.

6.6. GIVE PRIORITY TO WITHIN BASIN NEEDS

The option aims at providing priority to satisfying present and future needs of human / eco systems within the source basin before computing surplus WR at proposed points of abstraction / transfer to the recipient basin. While computing future needs, liberal provisions have to be made for justified aspirations of people in light of per capita annual availability of WR, level of deprivation – poverty – lack of education – health & hygiene – livelihood – development and economic growth – and ecological health. Although an IBWT proposal takes into account such issues needing water transfer to the recipient basin, more often than not, needs of the source basin are not worked out and compared. The option thus aims at perhaps a little tilt more than equity between the two: source and the recipient basins permit. Given other parameters being equal, one would go by socio-economic – technological viability of the option.

6.7. AMÉLIORATION DE L'UTILISATION EFFICIENTE DES RESSOURCES EN EAU DANS LES SYSTÈMES DE BASSINS

Cette option vise à comparer l'utilisation efficiente des ressources en eau pour différents usages entre les deux bassins, puis prend en considération la mise en œuvre du transfert d'eau interbassins. Il se peut que l'utilisation efficiente des ressources en eau dans le bassin source soit plus importante que dans le bassin récepteur. Cela indique une disponibilité excédentaire de ressources en eau dans le premier pour la transférer dans le bassin récepteur qui peut être en train de gaspiller ses ressources en eau et être déjà confronté à un déficit. Ainsi, l'option du transfert d'eau interbassins n'a pas besoin d'encourager l'utilisation efficiente des ressources en eau mais devrait être déployée pour un bassin plus performant et plus compétitif. En même temps, l'option du transfert d'eau interbassins peut être utilisée à discrétion pour encourager l'amélioration de l'utilisation efficace des ressources en eau dans le bassin source, sinon en la confrontant à l'option du transfert d'eau interbassins.

Des calculs précis pour l'utilisation efficiente des ressources en eau, et ce avec :

I. Un mélange d'utilisations consommatrices et non consommatrices dans un système de développement des ressources en eau à usages multiples,

II. Une utilisation efficiente variable des ressources en eau d'amont en aval,

III. Des interactions eaux de surface/ eaux souterraines se situant à différents niveaux dans des zones de relief, de plaines ne sont en effet pas faciles en l'absence de différents groupes de sociétés/communautés à plusieurs niveaux d'échelle socio-économiques et d'industrialisation.

6.7. IMPROVE WUE IN EXISTING WITHIN BASIN SCHEMES

This option aims at comparing the Water Use Efficiency (WUE) for different uses between the two basins, and then considers implementation of IBWT. It may be that the WUE in the source basin is of a higher level than the recipient basin, thus indicating surplus availability of WR in the former for transfer to the latter, which may be squandering its WR and yet facing deficit in availability. Thus IBWT option need not have to encourage low WUE but should be deployed for better performing and a competitive basin. At the same time, the option of IBWT can be discretely used to encourage improvement of WUE in the source basin, otherwise confronting it with the IBWT option.

Indeed, accurate computations for WUE are not easy, what with:

I. a mix of consumptive and non-consumptive uses within a multipurpose WRD scheme,

II. varying WUE from upstream to downstream,

III. SW / GW interactions being at different levels in hilly, midland, plains –unoccupied by different mixes of sections of society at various level of socio-economic-industrialization ladder.

7. REFERENCES

Relatório de Impacto Ambiental (Environmental Impact Report) - RIMA - do Projeto de Integração do Rio São Francisco / Ministério da Integração Nacional, Brazil, July 2004. (http://www.integracao.gov.br/c/document_library/get_file?uuid=ceeff01f-6440-45da-859b-9acd1bfa87cf&groupId=66920).

FEREIDOUN GHASSEMI, IAN WHITE, "*Inter-Basin Water Transfer: Case Studies from Australia, United States, Canada, China and India*", Cambridge University Press, New York, 2007.

MIRLÉIA A. DE CARVALHO, ARISVALDO V. MÉLLO JÚNIOR, ANDRÉ SCHARDONG, RUBEM L. L. PORTO, "*Sistema de suporte à decisão para alocação de água em projetos de irrigação (Decision support system for water allocation in irrigation projects)*", Revista Brasileira de Engenharia Agrícola e Ambiental. vol.13 nº1 Campina Grande, Brazil, 2009.(http://dx.doi.org/10.1590/S1415-43662009000100002)

G.N. GOLUBEV AND A.K. BISWAS, editors, "*Large scale water transfers: emerging environmental and social experiences*". Water Resources Series Vol 7, Tycooly Publishing, Oxford, UK, for the United Nations Environment Programme, 1986.

Proceedings of Special Session on Mass Transfer of Water over Long Distances for Regional Development and its Effects on the Human Environment, ICID, 1978, Greece.

"*Regional Compensation on Inter-basin Water Transfers - The Spanish Experience*" by GONZALEZ AND ZABALETA, Proceedings of IWRA Regional Symposium, New Delhi, November 2002.

Proceedings of 2001 Water Management Conference - Transbasin Water Transfers, US Committee on Irrigation and Drainage, USCID-The US Society for Irrigation and Drainage Professionals, Denver, Colorado, 2001.

7. REFERENCES

Relatório de Impacto Ambiental (Environmental Impact Report) - RIMA - do Projeto de Integração do Rio São Francisco / Ministério da Integração Nacional, Brazil, July 2004.
(http://www.integracao.gov.br/c/document_library/get_file?uuid=ceeff01f-6440-45da-859b-9acd1bfa87cf&groupId=66920).

Fereidoun Ghassemi, Ian White, "*Inter-Basin Water Transfer: Case Studies from Australia, United States, Canada, China and India*", Cambridge University Press, New York, 2007.

Mirléia A. de Carvalho, Arisvaldo V. Méllo Júnior, André Schardong, Rubem L. L. Porto, "*Sistema de suporte à decisão para alocação de água em projetos de irrigação (Decision support system for water allocation in irrigation projects)*", Revista Brasileira de Engenharia Agrícola e Ambiental. vol.13 n°1 Campina Grande, Brazil, 2009.(http://dx.doi.org/10.1590/S1415-43662009000100002)

G.N. Golubev and A.K. Biswas, editors, "*Large scale water transfers: emerging environmental and social experiences*". Water Resources Series Vol 7, Tycooly Publishing, Oxford, UK, for the United Nations Environment Programme, 1986.

Proceedings of Special Session on Mass Transfer of Water over Long Distances for Regional Development and its Effects on the Human Environment, ICID, 1978, Greece.

"*Regional Compensation on Inter-basin Water Transfers - The Spanish Experience*" by Gonzalez and Zabaleta, Proceedings of IWRA Regional Symposium, New Delhi, November 2002.

Proceedings of 2001 Water Management Conference - Transbasin Water Transfers, US Committee on Irrigation and Drainage, USCID-The US Society for Irrigation and Drainage Professionals, Denver, Colorado, 2001.

8. GUIDE TO ABBREVIATIONS

IWRDM: Integrated Water Resources Development and Management
CDWT: Committee on Dams and Water Transfer
TOR: Term of References
SCADA: Supervisory Control and Data Acquisition
IBWT: Inter Basin Water Transfer
WRD: Water Resources Development
WR: Water Resources
ROR: Run-of-the-River
WUE: Water Use Efficiency
SW: Surface Water
GW: Ground Water
ERR: Economic Rate of Return
ICID: International Commission on Irrigation and Drainage